LERNPLUS+

DIE LERNHILFE FÜRS GYMNASIUM

MATHEMATIK
5. SCHULJAHR

Schroedel

LERNPLUS+
Mathematik 5. Schuljahr

Autoren:

Heidemarie Engelking (Kapitel 1 und 2) hat langjährige Unterrichtserfahrung als Lehrerin für Mathematik und Physik an einer Regionalen Schule in Mecklenburg-Vorpommern. Gleichzeitig ist sie als Autorin von Lernhilfen aktiv.

Hartmut Seeger ist Oberstudiendirektor, Gymnasiallehrer für die Fächer Mathematik und Physik und ausgebildeter Dyskalkulieberater. Auf der Grundlage seiner Unterrichtserfahrungen hat er zahlreiche Lernhilfen für die Sekundarstufe I und für die Abiturvorbereitung verfasst.

ISBN 978-3-507-**23156**-6

Druck 1 / Jahr 2009

Herstellung: Dirk von Lüderitz
Umschlaggestaltung und Layout: Janssen Kahlert Design & Kommunikation GmbH, Hannover
Illustrationen: Dieter Tonn, Bovenden-Lenglern
Redaktion und Satz: imprint, Zusmarshausen
Druck und Bindung: westermann druck GmbH, Braunschweig

Liebe Schülerin, lieber Schüler,

Lernplus hilft dir, die wichtigsten Inhalte des Mathematikunterrichts in der Jahrgangsstufe 5 zu wiederholen, zu üben und besonders die Themen zu trainieren, die erfahrungsgemäß viele Stolpersteine enthalten. Mit Lernplus kannst du deine Wissenslücken schließen.
Alle Kapitel sind überschaubar gegliedert und alle Regeln werden Schritt für Schritt erklärt, bevor du sie in den Übungen selbstständig anwendest.

Training plus fragt dein Wissen am Ende eines Kapitels noch einmal ab. Mithilfe der insgesamt 99 Testfragen kannst du gut überprüfen, wie sicher du die einzelnen Regeln beherrschst.

Den **Abschlusstest** nach jedem Kapitel bearbeitest du so wie eine Klassenarbeit. In der Regel gibt es für jede Teilaufgabe einen Punkt, bei schwierigeren Aufgaben zwei Punkte. In den Lösungen findest du eine Punkteübersicht, mit der du deine Leistungen einschätzen kannst.

In Lernplus gibt es außerdem drei besondere Elemente:

Die Regeln werden in jedem Kapitel verständlich zusammengefasst und anschaulich erklärt. Meist werden sie durch Beispiele ergänzt.

Hinweise, worauf du beim Lernen achten solltest oder wie du dir etwas besonders gut merken kannst, findest du bei den Tipps.

Weißt du, was es mit der Quadratur des Kreises auf sich hat oder wie die alten Ägypter mithilfe von Knotenschnüren rechtwinkige Dreiecke konstruierten? Für alle, die etwas mehr wissen wollen, bietet Info plus spannende Informationen oder Hintergründe.

Mithilfe der **Lösungen** im Anhang kannst du kontrollieren, ob du die Aufgaben richtig bearbeitet hast und wie viele Punkte du im Abschlusstest erzielt hast.

Wenn du im Buch nicht genügend Platz für die Bearbeitung der Übungen findest, schreibe die Lösungen bitte in ein Heft.

Viel Erfolg beim Üben und Besserwerden mit Lernplus wünscht dir

das **Lernplus-Team**

1 Natürliche Zahlen

Im Laufe vieler Jahrhunderte hat sich in der Mathematik eine eigene „Sprache" entwickelt, die es den Menschen ermöglicht, zu zählen und zu rechnen. Schon vor ca. 5000 Jahren wurden in Ägypten nachweislich Symbole für verschiedene Zahlenwerte verwendet, zum Beispiel ein Frosch für 100 000 oder ein betender Mann für eine Million.

1.1 Ziffern und Zahlworte

Regel

- Unter **Ziffern** versteht man die zehn Zeichen, mit denen wir Zahlen darstellen: 0, 1, 2, 3, 4, 5, 6, 7, 8, 9
- **Zahlworte** geben Zahlen mit Buchstaben wieder, z. B. eins, sieben, eintausendfünf. Zahlworte schreibt man klein und zusammen , wenn sie kleiner als eine Million sind, und getrennt, wenn sie größer als eine Million sind.
- Die **Stellenanzahl** sagt dir, wie viele Ziffern eine Zahl enthält, z. B. ist eine sechsstellige Zahl eine Zahl mit sechs Ziffern, also z. B. 123 456 oder 100 000.

1 Lies die Zahlen und schreibe die Zahlwörter auf.

Die Entfernung der Erde zur Sonne beträgt ungefähr 150 000 000 km.

150 000 000 = einhundertfünfzig Millionen

a) Das größte Säugetier ist der Blauwal mit bis zu 200 t.

200 = __________

b) Das Einstein-Gymnasium hat in diesem Jahr 849 Schülerinnen und Schüler.

849 = __________

c) „Ich fahre jeden Tag mit der Buslinie 1254 zur Schule."

1254 = __________

e) Deutschland ist laut statistischem Bundesamt 357 104 km^2 groß.

357 104 =

d) Europa hat eine Fläche von 10 392 855 km^2.

10 392 855 =

2 Schreibe mit Ziffern.

a) vierhundertsiebenundzwanzig

b) dreihundertfünftausendvierhundertelf

c) vier Millionen fünfhunderttausenddrei

d) siebenundfünfzigtausendachthundertzwölf

e) neuntausendneunundneunzig

3 Bilde aus den Ziffern 1, 3, 5, 7 und 9 die größte und die kleinste Zahl. Verwende jede Ziffer nur einmal.

größte Zahl: kleinste Zahl:

4 Wie lauten die kleinste und die größte siebenstellige Zahl? Schreibe in Ziffern und als Zahlwort.

Info plus

Vor ca. 5000 Jahren rechnete man in **Mesopotamien** (also bei den Babyloniern oder Sumerern) mithilfe eines Sexagesimalsystems, einem Zahlensystem mit der Basis 60. Reste davon sind heute noch erhalten: Eine Stunde wird in 60 Minuten und diese wieder in 60 Sekunden eingeteilt, ein Vollkreis hat $6 \cdot 60 = 360°$. Auch das Dutzend (12, also $2 \cdot 6$) stammt aus diesem Zahlensystem.

1.2 Die Darstellung auf dem Zahlenstrahl

Regel

- Die natürlichen Zahlen lassen sich auf einem **Zahlenstrahl** darstellen. Dabei wird jeder Zahl ein Punkt auf diesem Zahlenstrahl zugeordnet.
- Wichtig für die Zuordnung ist die **Einteilung**: Gleich lange Abschnitte können je nach Bedarf unterschiedlich eingeteilt werden.
- Für natürliche Zahlen hat der Zahlenstrahl stets einen Anfang, die Null, aber kein Ende.

Beispiel 1:

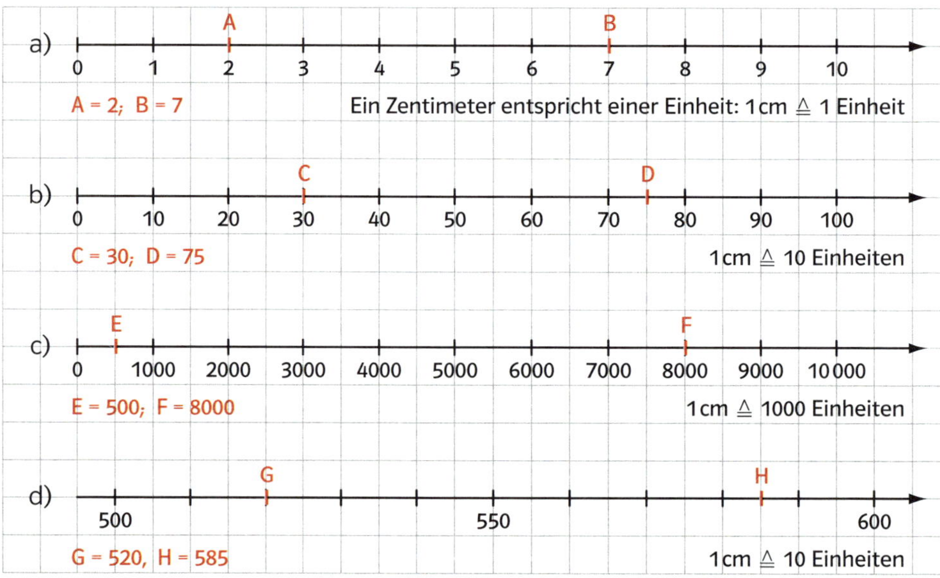

Tipp

Überlege stets zuerst, in welcher Einteilung beim Zahlenstrahl gearbeitet wird, also wie viele Einheiten einem Zentimeter entsprechen. Meist ist es hilfreich, wenn du auch die nicht beschriftete Einteilungsstriche beschriftest oder weitere Unterteilungen machst. Die Arbeit mit Millimeterpapier ermöglicht eine feinere Einteilung und genaueres Ablesen.

5 Gib für die markierten Punkte die Zahlen an.

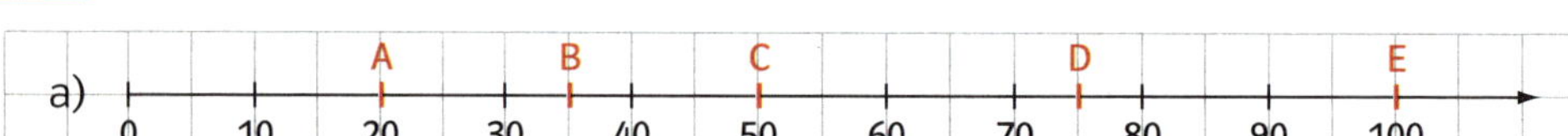

A = ________; B = ________; C = ________; D = ________; E = ________

b)

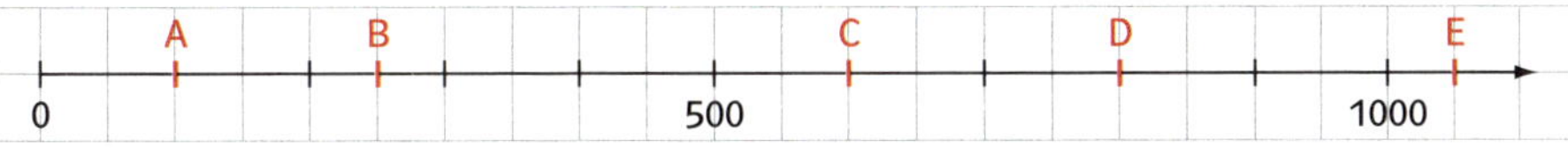

A = ________; B = ________; C = ________; D = ________; E = ________

c)

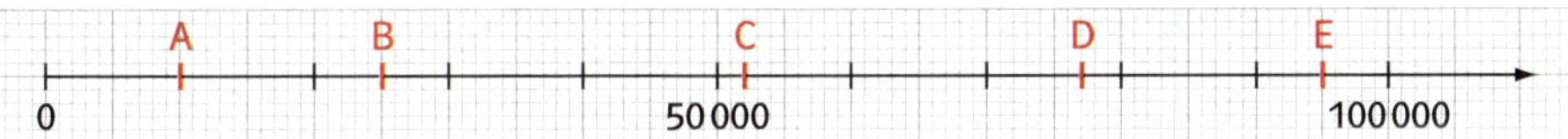

A = ________; B = ________; C = ________; D = ________; E = ________

d)

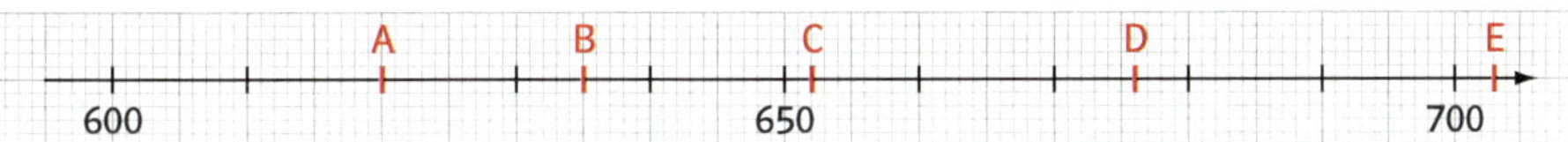

A = ________; B = ________; C = ________; D = ________; E = ________

e)

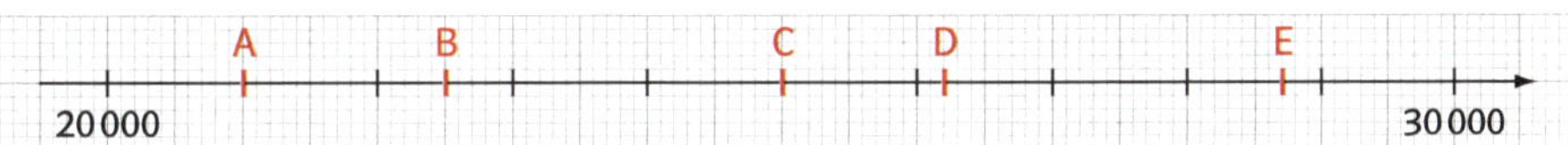

A = ________; B = ________; C = ________; D = ________; E = ________

6 Trage die Punkte auf dem Zahlenstrahl ein.

a) A = 200; B = 450; C = 700; D = 850; E = 900

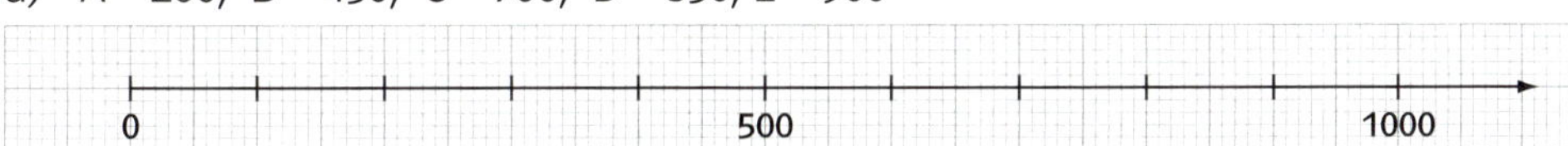

b) A = 500; B = 3000; C = 4500; D = 6000; E = 9500

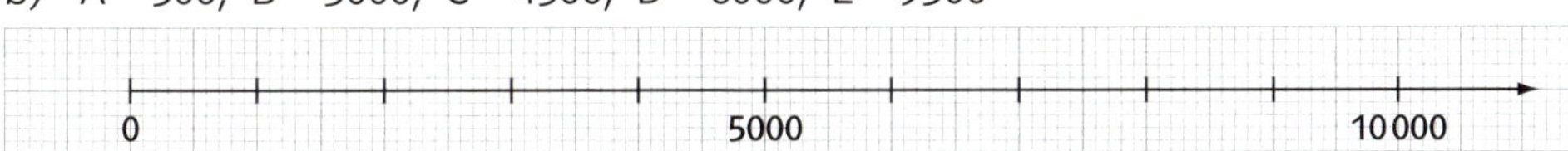

c) A = 15; B = 24; C = 48; D = 77; E = 95

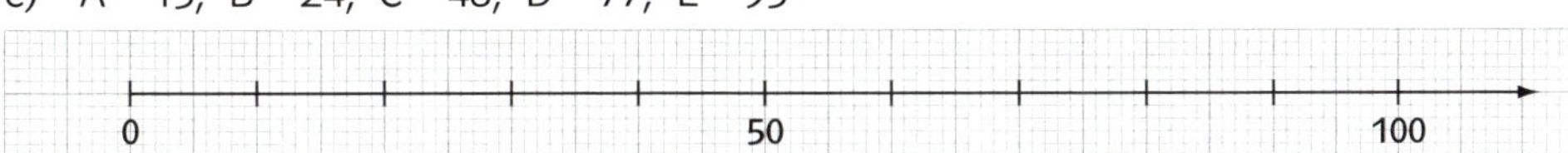

d) A = 7100; B = 7250; C = 7330; D = 7770; E = 8010

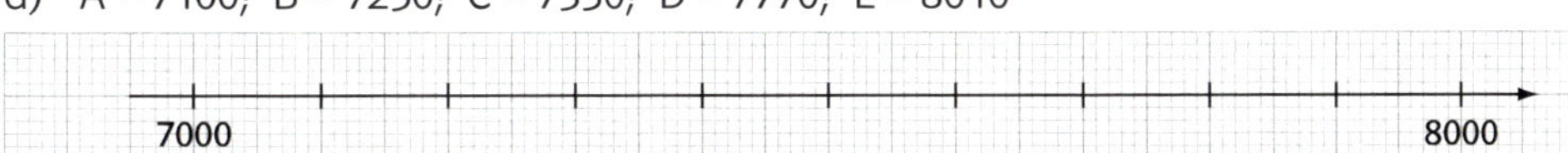

e) A = 370; B = 395; C = 422; D = 435; E = 449

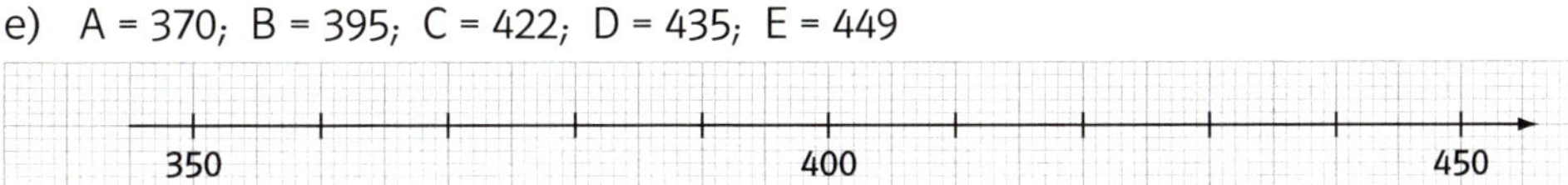

1.3 Darstellung in der Stellenwerttafel

Regel

- Die natürlichen Zahlen werden im **Zehnersystem** dargestellt, jede der Ziffern 0, 1, 2, 3, 4, 5, 6, 7, 8 und 9 ist einem **Stellenwert** zugeordnet.
- Die Darstellung in der Stellenwerttafel macht deutlich: **Eine Zahl im Zehnersystem ist die Summe der Produkte aus Ziffer mal Stellenwert,**
  z. B: 6750: Die 6 an der Tausenderstelle bedeutet $6 \cdot 1000 = 6000$
  7 an der Hunderterstelle: $7 \cdot 100 = 700$; 5 an der Zehnerstelle: $5 \cdot 10 = 50$;
  1 an der Einerstelle: $2 \cdot 1 = 2$; $6000 + 700 + 50 + 2 = 6752$.

Milliarden			Millionen			Tausender					
						HT	ZT	T	H	Z	E
10^{11}	10^{10}	10^{9}	10^{8}	10^{7}	10^{6}	10^{5}	10^{4}	10^{3}	10^{2}	10^{1}	10^{0}
								6	7	5	2

  Mithilfe der Potenzschreibweise lässt sich die Anzahl der Nullen leicht ermitteln: $6 \cdot 1000 = 6 \cdot 10^3 = 6000$ (eine sechs mit drei Nullen).
- Rückt man eine Ziffer in der Stellenwerttafel um eine Stelle nach links, erhält sie den zehnfachen Wert.
- Rückt man eine Ziffer in der Stellenwerttafel um eine Stelle nach rechts, erhält sie ein Zehntel ihres ursprünglichen Wertes.
- Um große Zahlen leichter lesen zu können, teilt man sie beim Schreiben (ab fünf Stellen von rechts her) in Dreierblöcke ein.

7 Trage die Zahlen und Zahlwörter in die Stellenwerttafel ein.

Beispiel: 74 021 847 649 217

a) 40 021 304 370 b) 1 001 100 101 110 c) 76 543 210

d) fünf Billionen dreihundertvierundachtzig

e) sieben Milliarden drei Millionen elf

	Billionen			Milliarden			Millionen			Tausender					
										HT	ZT	T	H	Z	E
	10^{14}	10^{13}	10^{12}	10^{11}	10^{10}	10^{9}	10^{8}	10^{7}	10^{6}	10^{5}	10^{4}	10^{3}	10^{2}	10^{1}	10^{0}
		7	4	0	2	1	8	4	7	6	4	9	2	1	7
a)															
b)															
d)															
d)															
e)															

1.4 Ordnen und Vergleichen

Regel

- Die **kleinste natürliche Zahl** ist die **Null**.
- Es gibt keine größte natürliche Zahl.
- Jede natürliche Zahl (n) hat einen **Nachfolger** (n + 1).
- Alle natürlichen Zahlen außer der Null haben einen **Vorgänger** (n – 1).
- Will man natürliche Zahlen ordnen, vergleicht man sie mithilfe von **Relationszeichen**. Dabei bedeutet > ist größer als; < ist kleiner als und = ist gleich.
- Beim Größenvergleich betrachtet man die Lage der Zahl auf dem **Zahlenstrahl**: die Zahl, die weiter rechts liegt, ist größer:

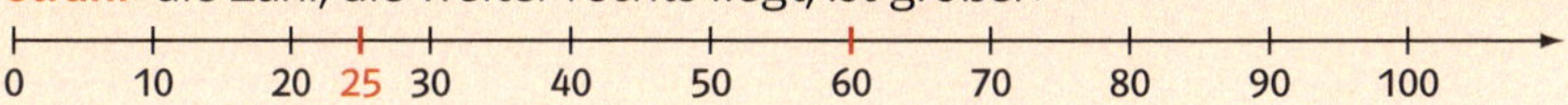

25 < 60; 60 > 50

- Vergleicht man ohne Zahlenstrahl, betrachtet man zunächst die **Stellenanzahl**: Die Zahl, die mehr Stellen besitzt, ist die größere: 34 (2 Stellen) < 3456 (vier Stellen). Bei gleicher Stellenanzahl vergleicht man die **Stellenwerte**: Die Zahl bei der das erste Mal an der gleichen Stelle eine größere Ziffer auftritt ist größer, z.B.: 70**3**5 < 70**7**5; 7**1**35 > 7**0**75; 7705 = 7705

8 Vervollständige die Tabelle.

Vorgänger (n – 1)	345		12 450			
Zahl (n)	346			33 000	1 000 000	
Nachfolger (n + 1)	347	280				250 000

9 Vergleiche und setze das richtige Relationszeichen in das Kästchen ☐.

a) 376 ☐ 475 b) 2765 ☐ 2765 c) 1221 ☐ 3241

d) 931 ☐ 391 e) 5776 ☐ 5775 f) 4887 ☐ 4987

10 Ordne der Größe nach, beginne mit der kleinsten Zahl.

a) 374; 8915; 6432; 5678; 437

b) 765; 567; 7765; 5567; 7567

1.5 Runden

Oft gibt man große Zahlen nicht genau, sondern ungefähr, also gerundet, an.

Regel

Runden

1. Suche die Rundungsstelle (das ist die Stelle, auf die gerundet werden soll).
2. **Ist die Ziffer rechts von der Rundungsstelle kleiner als 5 wird abgerundet**, (das heißt, die Ziffer der Rundungsstelle bleibt gleich).
3. **Ist die Ziffer rechts von der Rundungsstelle größer oder gleich 5 wird aufgerundet**, das heißt der Wert der Ziffer an der Rundungsstelle wird um eins erhöht. Steht an der Rundungsstelle eine 9 wird diese zur Null und die Ziffer links davon wird um eins erhöht.
4. Alle Ziffern nach der Rundungsstelle werden durch Nullen ersetzt.

Beispiel 2: Runde auf Tausender.

574 378 ≈ 574 000; die 4 ist die Rundungsstelle, rechts davon steht die 3, diese ist kleiner als 5; es wird abgerundet (die 4 bleibt stehen).

574 678 ≈ 575 000; rechts von der Rundungsstelle steht die 6, es wird aufgerundet (die 4 wird zur 5)

579 678 ≈ 580 000; rechts von der Rundungsstelle steht die 6, es wird aufgerundet (die 9 wird zur 0, die 7 zur 8)

11 Runde.

	auf Hunderter	auf Tausender	auf Zehntausender
47 849	47 800		
37 613			
52 039			
878 499			
859 627			
1 007 149			
376 701			
373 486			

12 Runde im Heft auf die blau markierte Stelle.

a) 378 462 b) 1 734 541 c) 39 829 d) 572 711
e) 124 837 f) 160 482 g) 392 801 h) 39 891
i) 599 827 j) 99 999

1.6 Potenzen

Eine Sage erzählt, dass der indische König Sher Khan den Erfinder des Schachspiels aufforderte, einen Wunsch zu äußern, den er erfüllen wollte, um ihn zu belohnen. Der Wunsch lautete: „Ein Reiskorn auf das erste Feld des Schachbrettes, zwei auf das zweite, vier auf das dritte und so weiter bis zum letzten Feld."

Dieser Wunsch sei viel zu bescheiden, ärgerte sich der König, und fühlte sich gekränkt, er hätte viel mehr als „einen Sack Reis" geben wollen. Doch die Hofmathematiker erklärten ihm, dass er den Wunsch wohl kaum erfüllen könnte:

$s = 1 + 2 + 4 + 8 + 16 + 32 + \ldots$

$s = 1 + 2^1 + 2^2 + 2^3 + 2^4 + \ldots + 2^{63}$

$s = 18\,446\,744\,073\,709\,551\,615$ Weizenkörner.

Das sind achtzehn Trillionen vierhundertsechsundvierzig Billiarden siebenhundertvierundvierzig Billionen dreiundsiebzig Milliarden siebenhundertneun Millionen fünfhunderteinundfünfzigtausendsechshundertfünfzehn Reiskörner!
Diese Zahl können wir uns nicht vorstellen – und der König konnte den Wunsch nicht erfüllen.

Regel

Potenzschreibweise

Für das Produkt $2 \cdot 2 \cdot 2 \cdot 2$ schreibt man auch 2^4 (2 hoch 4): $2 \cdot 2 \cdot 2 \cdot 2 = 2^4 = 16$

Potenz: 2^4 ← **Exponent** (4), ← **Basis** (2)

13 Schreibe als Potenz.

a) $5 \cdot 5 \cdot 5 \cdot 5 \cdot 5 =$ ______ b) $7 \cdot 7 \cdot 7 =$ ______

c) $14 \cdot 14 \cdot 14 \cdot 14 =$ ______ d) $9 \cdot 9 \cdot 9 \cdot 9 \cdot 9 =$ ______

e) $10 \cdot 10 \cdot 10 \cdot 10 \cdot 10 \cdot 10 =$ ______ f) $4 \cdot 4 =$ ______

g) $1 \cdot 1 \cdot 1 \cdot 1 \cdot 1 \cdot 1 \cdot 1 \cdot 1 \cdot 1 =$ ______ h) $21 \cdot 21 \cdot 21 =$ ______

I) $100 \cdot 100 \cdot 100 =$ ______ j) $2 \cdot 2 \cdot 2 \cdot 2 \cdot 2 \cdot 2 =$ ______

14 Schreibe als Produkt.

a) 7^4 = ______________________ b) 12^5 = ______________________

c) 1^8 = ______________________ d) 9^3 = ______________________

e) 7^2 = ______________________ f) 4^8 = ______________________

g) 5^4 = ______________________ h 100^2 = ______________________

i) 10^5 = ______________________ j) 3^7 = ______________________

Tipp

Folgende **Quadratzahlen** (a^2) solltest du auswendig lernen:

$1^2 = 1$	$6^2 = 36$	$11^2 = 121$	$16^2 = 256$
$2^2 = 4$	$7^2 = 49$	$12^2 = 144$	$17^2 = 289$
$3^2 = 9$	$8^2 = 64$	$13^2 = 169$	$18^2 = 324$
$4^2 = 16$	$9^2 = 81$	$14^2 = 196$	$19^2 = 361$
$5^2 = 25$	$10^2 = 100$	$15^2 = 225$	$20^2 = 400$

X

Regel

Zehnerpotenzen ($10^0, 10^1, 10^2, 10^3, \ldots$) haben im Zehnersystem eine besondere Bedeutung. In der Stellenwerttafel gibt man den Stellenwert mithilfe von Zehnerpotenzen an (→ Seite 10).

Merke: Jede Zahl hoch Null ist gleich 1: $10^0 = 1$; $8^0 = 1$; $345^0 = 1$

Beispiel 3:

a) $10^3 = 10 \cdot 10 \cdot 10 = 1000$

b) $5 \cdot 10^3 = 5 \cdot 10 \cdot 10 \cdot 10 = 5 \cdot 1000 = 5000$

c) $4 \cdot 10^3 + 2 \cdot 10^2 + 3 \cdot 10^1 + 7 \cdot 10^0 = 4 \cdot 1000 + 2 \cdot 100 + 3 \cdot 10 + 7 \cdot 1$
$= 4000 + 200 + 30 + 7$
$= 4237$

d) $45\,329 = 40\,000 + 5000 + 300 + 20 + 9$
$= 4 \cdot 10\,000 + 5 \cdot 1000 + 3 \cdot 100 + 2 \cdot 10 + 9 \cdot 1$
$= 4 \cdot 10^4 + 5 \cdot 10^3 + 3 \cdot 10^2 + 2 \cdot 10^1 + 9 \cdot 10^0$

15 Berechne die Zehnerpotenzen.

a) 10^4 = $10 \cdot 10 \cdot 10 \cdot 10$ = ______

b) 10^6 = ______

c) 10^7 = ______

d) 10^3 = ______

e) 10^8 = ______

Tipp

Steht an einem Stellenwert eine Null, muss man beim Zerlegen in die Potenzschreibweise diese Zehnerpotenzsumme nicht angeben:
$102 = 1 \cdot 10^2 + \mathbf{0 \cdot 10^1} + 2 \cdot 10^0 = \mathbf{1 \cdot 10^2 + 2 \cdot 10^0}$

16 Gib die Zahlen an, gehe vor wie in Beispiel 3 b) und c).

a) $5 \cdot 10^4 + 3 \cdot 10^3 + 2 \cdot 10^2 + 1 \cdot 10^1 + 7 \cdot 10^0$ = ______

b) $7 \cdot 10^6 + 8 \cdot 10^5 + 3 \cdot 10^2 + 4 \cdot 10^0$ = ______

c) $9 \cdot 10^9 + 7 \cdot 10^6 + 4 \cdot 10^3 + 2 \cdot 10^1$ = ______

d) $8 \cdot 10^3 + 9 \cdot 10^2 + 1 \cdot 10^1 + 6 \cdot 10^0$ = ______

e) $7 \cdot 10^8 + 6 \cdot 10^6 + 4 \cdot 10^4 + 2 \cdot 10^2$ = ______

17 Zerlege die Zahlen in Zehnerpotenz-Summen wie in Beispiel 3 d).

a) 736 = ______

b) 40 785 = ______

c) 9 009 009 = ______

d) 456 007 = ______

e) 32 001 400 = ______

f) 7777 = ______

1.7 Andere Zahlsysteme: Römische Zahlzeichen

Regel

- **Römische Zahlzeichen**: I V X L C D M
  heutige (arabische) Zahlen: 1 5 10 50 100 500 1000
- Steht ein Zahlzeichen rechts von einem anderen Zahlzeichen mit gleichem oder höherem Wert, werden die Werte der Zahlzeichen addiert.
- Steht ein Zahlzeichen links von einem anderen Zahlzeichen mit höherem Wert, wird der kleinere Wert vom größeren subtrahiert.
- Die Zahlzeichen I, X und C werden höchstens dreimal nacheinander geschrieben; die Zeichen V, L und D nur einmal.

Beispiel 4:

a) XXIII = 10 + 10 + 1 + 1 + 1 = 23
b) LXVI = 50 + 10 + 5 + 1 = 66
c) XIV = 10 + 5 - 1 = 14
d) XCV = 100 - 10 + 5 = 95

Info plus

Die sehr hoch entwickelte Kultur der Römer hat keine nennenswerten Entdeckungen in Physik, Mathematik oder Astronomie hervorgebracht. Es ist sehr wahrscheinlich, dass vor allem das römische Zahlensystem dafür verantwortlich war: Große Zahlen waren schwierig zu schreiben und Multiplikation und Division, wie wir sie kennen, waren gar nicht durchführbar.

18 Schreibe die Zahlzeichen mit arabischen Ziffern.

a) XII = ________ b) DCCLV = ________ c) CMXVI = ________
d) MCL = ________ e) MXL = ________ f) MDCCXXI = ________

19 Schreibe mit römischen Zahlzeichen.

a) 17 = ________ b) 83 = ________ c) 112 = ________
d) 527 = ________ e) 999 = ________ f) 1504 = ________

20 Schreibe mit römischen Zahlzeichen ins Heft.

a) alle Zahlen bis 30 b) die Zahlen von 489 bis 504

1.8 Andere Zahlsysteme: Das Dualsystem

Regel

Das **Dualsystem** (Zweiersystem) ist ein Stellenwertsystem mit der Basis zwei. Es wird z. B. von Computern oder Taschenrechnern verwendet.

- Jede Zahl lässt sich hier mit den Ziffern 0 und 1 darstellen.
- Zahlen im Zweiersystem werden durch eine tiefgestellte 2 gekennzeichnet: $(1001)_2$ oder 1001②

Beispiel 5: Schreibe die Zahl 57 im Dualsystem.

① Bestimme zunächst die größte Zweierpotenz, die in die Zahl „hineinpasst"; hier also die 32. Schreibe eine 1 an diese Stelle.

② Bestimme den Rest: 57 − 32 = 25; suche wieder die größte Zweierpotenz, hier die 16, und schreibe eine 1 an diese Stelle.

③ Verfahre so weiter, und fülle alle unbenutzten Stellen mit Nullen auf.

Stelle	32er	16er	8er	4er	2er	1er	Dualschreibweise
Stellenwert	$32 = 2^5$	$16 = 2^4$	$8 = 2^3$	$4 = 2^2$	$2 = 2^1$	$1 = 2^0$	
57	1	1	1	0	0	1	$(111001)_2$

21 Fülle die Tabelle aus.

Stelle	64er	32er	16er	8er	4er	2er	1er	Dualschreibweise
Stellenwert	$64 = 2^6$	$32 = 2^5$	$16 = 2^4$	$8 = 2^3$	$4 = 2^2$	$2 = 2^1$	$1 = 2^0$	
7								
18								
21								
44								
53								
76								

22 Schreibe die Zahlen im Dualsystem.

a) 13 = ____________ b) 34 = ____________ c) 100 = ____________

d) 29 = ____________ e) 64 = ____________ f) 88 = ____________

23 Gib die Zahlen im Dezimalsystem an.

a) $(110)_2$ = ____________ b) $(1010)_2$ = ____________ c) $(110011)_2$ = ____________

d) $(1100)_2$ = ____________ e) $(1111)_2$ = ____________ f) $(1010101)_2$ = ____________

1 Mit wie vielen Ziffern kommt unser dekadisches Zahlensystem aus?

____

2 Wie lautet die größte fünfstellige Zahl? ______________________________

3 Welche natürliche Zahl hat keinen Vorgänger? ______________________________

4 Welche Relationszeichen kennst du und was bedeuten sie?

____

____

5 Ab welcher Ziffer rundet man auf? ______________________________

6 Wie ordnet man Zahlen ohne Zahlenstrahl der Größe nach? ______________________________

____

____

7 Wie nennt man die hochgestellte Zahl bei Potenzen und was gibt sie an?

____

8 Wie nennt man das Ergebnis, wenn man eine Zahl mit sich selbst multipliziert? ______________________________

9 Wie groß ist eine Potenz mit dem Exponenten Null? ______________________________

10 Welches Zahlensystem wird von einem Computer intern benutzt? ______________________________

11 Wie viele gleiche Symbole dürfen bei den römischen Zahlzeichen höchstens nacheinander stehen? ______________________________

____

1 Bilde, der Größe nach geordnet, aus den Ziffern 2, 4, 7 und 9 alle möglichen Zahlen, ohne dass eine Ziffer doppelt vorkommt. ___/4
Beginne mit der kleinsten Zahl.

2 Schreibe die Zahlwörter auf. ___/10

a) 357 486 = ______________________________

b) 1 276 541 = ______________________________

c) 327 456 100 = ______________________________

d) 7 000 000 000 000 = ______________________________

e) 4 004 004 = ______________________________

f) Trage die Zahlen aus den Teilaufgaben a) bis e) in die Stellenwerttafel ein.

	Billionen			Milliarden			Millionen			Tausender					
										HT	ZT	T	H	Z	E
a)															
b)															
c)															
d)															
e)															

__/5 **3** Gib für die Zahlwörter die Zahlen an.

a) drei Millionen siebenhundertsiebenundzwanzig ____________

b) neun Milliarden dreißig Millionen vier ____________

c) vierhunderttausendacht ____________

d) sieben Billionen sieben Milliarden siebentausendsieben ____________

e) dreihundertelftausendvierhundertzwölf ____________

__/5 **4** Gib die rot markierten Zahlen an.

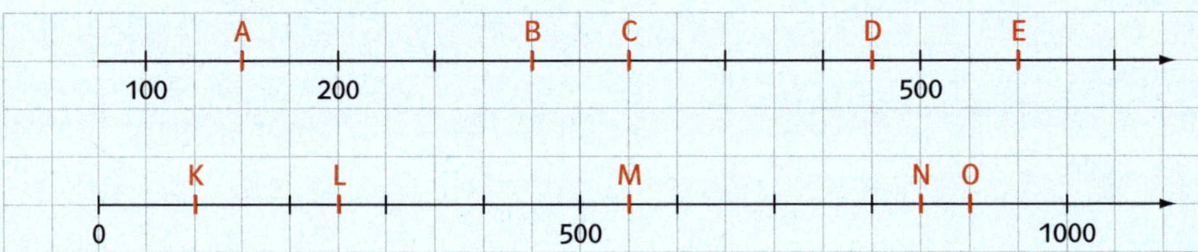

A = ________; B = ________; C = ________; D = ________; E = ________

K = ________; L = ________; M = ________; N = ________; O = ________

__/5 **5** Trage die Zahlen auf dem passenden Zahlenstrahl ein.
A = 25; B = 40; C = 75; D = 90; E = 105; R = 500; T = 650; S = 900; V = 1250; W = 1450

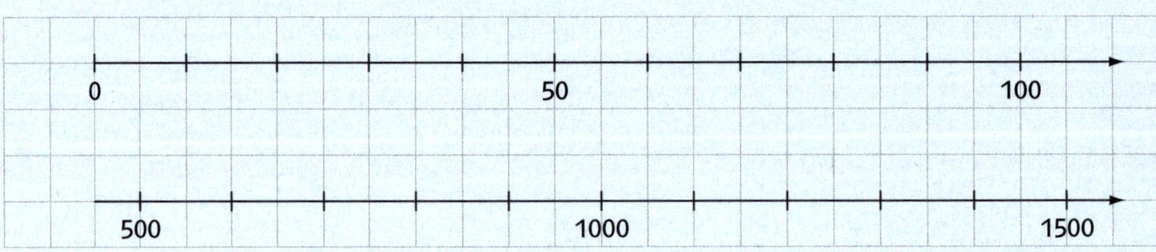

__/6 **6** Setze das richtige Relationszeichen ein.

a) 3242 ☐ 2342   b) 787 ☐ 877   c) 99 ☐ 99

d) 7842 ☐ 8742   e) 3993 ☐ 3939   f) 545 ☐ 45

__/5 **7** Trage Vorgänger und Nachfolger ein.

Vorgänger					
Zahl	3792	8499	1000	7 598 600	999 998
Nachfolger					

8 Runde die Zahlen auf die rot markierte Stelle. ___/6

a) 2784 ≈ ________ b) 37 693 ≈ ________ c) 27 946 ≈ ________

d) 999 ≈ ________ e) 121 ≈ ________ f) 849 ≈ ________

9 Schreibe das Produkt als Potenz. ___/6

a) $7 \cdot 7 \cdot 7 =$ ____ b) $9 \cdot 9 \cdot 9 \cdot 9 \cdot 9 =$ ____ c) $2 \cdot 2 \cdot 2 =$ ____

d) $10 \cdot 10 \cdot 10 \cdot 10 =$ ____ e) $1 \cdot 1 \cdot 1 \cdot 1 \cdot 1 \cdot 1 \cdot 1 =$ ____ f) $6 \cdot 6 \cdot 6 \cdot 6 =$ ____

10 Schreibe die Potenz als Produkt. ___/6

a) $9^5 =$ ________ b) $4^8 =$ ________

c) $7^3 =$ ________ d) $10^4 =$ ________

e) $7^6 =$ ________ f) $6^2 =$ ________

11 Berechne die Zehnerpotenz. 3/3

a) $10^4 =$ 10000

b) $10^3 =$ 1000

c) $10^6 =$ 1000000

12 Gib die Zahl an. 2/2

a) $7 \cdot 10^5 + 5 \cdot 10^3 + 2 \cdot 10^2 =$ 700000 + 5000 + 200 = 705200

b) $3 \cdot 10^5 + 2 \cdot 10^3 + 7 \cdot 10^0 =$ 300000 + 2000 + 7 = 302007

13 Schreibe die Zahlen mithilfe von Zehnerpotenzen. 2/2

a) 902 400 = $9 \cdot 10^5 + 2 \cdot 10^3 + 4 \cdot 10^2 = 902400$

b) 7321 = $7 \cdot 10^3 + 3 \cdot 10^2 + 2 \cdot 10^1 + 1 \cdot 10^0 = 7321$

14 Schreibe mit arabischen Ziffern. ___/4

a) MDCLXVI = ________ b) XCVI = ________

c) $(11101)_2 =$ ________ d) $(11011011)_2 =$ ________

Gesamtpunktzahl ___/69

2 Rechnen mit natürlichen Zahlen

Vom Zählen her kennst du die natürlichen Zahlen 0, 1, 2, 3, 4, 5, 6, 7, 8, 9, 10 usw. In vielen Bereichen des täglichen Lebens wird daher auch mit natürlichen Zahlen gerechnet.

2.1 Addition natürlicher Zahlen

Regel

	Summand	**+**	**Summand**	**=**	**Summe**
z.B.:	35	+	27	=	62
allgemein:	a	+	b	=	c

Beim schriftlichen Addieren muss auf das **stellengerechte Untereinanderschreiben** geachtet werden; z.B.: 12456 + 3786 + 27438 =

	1	2	4	5	6
+		3	7	8	6
+	2	7	4	3	8
	1	1	1	2	
	4	3	6	8	0

1 Rechne im Kopf.

a) 27 + 38 = ________ b) 107 + 19 = ________ c) 76 + 43 = ________

d) 38 + 45 + 32 = ________ e) 57 + 13 + 28 = ________ f) 75 + 54 + 46 = ________

2 Addiere schriftlich. Schreibe stellengerecht untereinander.

a) 12 436 + 937 + 8276 b) 546 721 + 98 432 + 7645 c) 32 482 + 27 + 938 + 27 845

	1	2	4	3	6
			9	3	7

Regel

Rechengesetze der Addition

- **Kommutativgesetz** (Vertauschungsgesetz) der Addition: **a + b = b + a**
  In Summen dürfen die Summanden vertauscht werden.
- **Assoziativgesetz** (Verbindungsgesetz) der Addition:
  (a + b) + c = a + (b + c) = a + b + c. In Summen mit mehreren Summanden dürfen beliebig Klammern gesetzt oder weggelassen werden.

3 Rechne im Kopf. Anwenden des Kommutativgesetzes bringt Rechenvorteile.

a) 76 + 37 + 24 = ____________ b) 18 + 7 + 53 = ____________

c) 136 + 41 + 59 = ____________ d) 27 + 135 + 73 = ____________

e) 88 + 125 + 112 = ____________ f) 107 + 56 + 93 = ____________

4 Rechne vorteilhaft mithilfe des Assoziativgesetzes.

a) 24 + (56 + 27) = (24 + 56) + 27 = ____________

b) (77 + 39) + 61 = ____________

c) 115 + (85 + 72) = ____________

5 Jeweils zwei Summanden ergeben zusammen 500. Welche sind das?
Male sie mit gleicher Farbe aus.

327 | 88 | 157 | 173 | 343 | 78 | 412 | 281 | 315 | 219 | 185 | 422

2.2 Subtraktion natürlicher Zahlen

Regel

	Minuend	**–**	**Subtrahend**	**=**	**Differenz**
z.B.:	125	–	76	=	49
allgemein:	a	–	b	=	c

- Will man natürliche Zahlen subtrahieren, muss der Minuend stets größer als die Summe der Subtrahenden sein.
- Minuend und Subtrahend dürfen nicht vertauscht werden.
- Will man mehrere Zahlen subtrahieren, so kann man auch erst die Summe der Subtrahenden bilden und dann diese Summe subtrahieren.
- Beim schriflichen Subtrahieren von größeren natürlichen Zahlen muss auf das stellengerechte Untereinanderschreiben geachtet werden.

6 Subtrahiere im Kopf.

a) 104 – 86 = ________ b) 79 – 37 = ________ c) 112 – 21 = ________

d) 126 – 88 = ________ e) 107 – 59 = ________ f) 116 – 75 = ________

7 Subtrahiere, indem du erst die Summe der Subtrahenden bildest.

a) 127 - 48 - 39 = 127 − (48 + 39) ______

b) 141 - 81 - 19 = ______

c) 123 - 56 - 45 = ______

8 Verbinde jeweils die Aufgabe mit dem richtigen Ergebnis.

83 - 45 | 76 - 24 | 102 - 27 | 104 - 19 | 97 - 48

85 | 75 | 49 | 52 | 38

9 Subtrahiere schriftlich.

a)
	2	7	8	4	5
-	1	2	9	3	6
		1		1	
			9	0	9

b)
	8	7	3	2	1
-		9	4	3	6

c)
	2	7	8	3	4
-	1	6	7	9	3

d)
	3	7	5	5	7
-	1	8	9	2	6

e)
	8	7	5	4	3
-	6	2	4	3	1

f)
	7	5	6	8	3
-	2	0	1	2	8

10 Subtrahiere schriftlich im Heft. Schreibe stellengerecht untereinander.

a) 4567 - 2175 - 1849 = ______

b) 13876 - 4629 - 3847 = ______

c) 27849 - 5841 - 12983 = ______

d) 93876 - 27849 - 46831 = ______

11 Frank und Susann wollen 80 km mit dem Fahrrad fahren. Bis zur ersten Pause schafften sie 27 km. Danach fuhren sie 36 km. Wie viele Kilometer müssen sie noch fahren, um ihr Ziel zu erreichen?

2.3 Multiplikation natürlicher Zahlen

Regel

Faktor · Faktor = Produkt

z.B.	12	·	7	=	84
allgemein	a	·	b	=	c

4	5	6	·	2	4
		9	1	2	
	+	1	8	2	4
	1	0	9	4	4

Beim schriftlichen Multiplizieren berechnet man zuerst stellenweise von rechts nach links die Produkte und addiert dann die Zeilen. Ein Überschlag ist sinnvoll, hier wird in der Regel ein Faktor auf- der andere abgerundet, z.B.: $456 \cdot 25$; Ü: $500 \cdot 20 = 10\,000$

Tipp

Lerne das Einmaleins bis 20 auswendig oder zerlege die Multiplikation in zwei Schritte: $6 \cdot 17 = 6 \cdot 10 + 6 \cdot 7 = 60 + 42 = 102$.

→ Distributivgesetz, Seite 31

12 Rechne im Kopf.

a) $15 \cdot 7 =$ ______ b) $18 \cdot 6 =$ ______ c) $12 \cdot 3 =$ ______ d) $14 \cdot 9 =$ ______

e) $17 \cdot 5 =$ ______ f) $9 \cdot 13 =$ ______ g) $7 \cdot 17 =$ ______ h) $8 \cdot 15 =$ ______

i) $9 \cdot 12 =$ ______ j) $7 \cdot 19 =$ ______ h) $13 \cdot 5 =$ ______ i) $19 \cdot 4 =$ ______

13 Multipliziere schriftlich. Mache zuerst einen Überschlag.

a) Ü: ______ b) Ü: ______ c) Ü: ______

$271 \cdot 24$ $\quad 321 \cdot 47$ $\quad 48 \cdot 57$

d) Ü: ______ e) Ü: ______ f) Ü: ______

$481 \cdot 76$ $\quad 97 \cdot 85$ $\quad 276 \cdot 91$

Regel

Rechengesetze der Multiplikation

- **Kommutativgesetz** (Vertauschungsgesetz) der Multiplikation: $a \cdot b = b \cdot a$
  In Produkten dürfen die Faktoren vertauscht werden, z. B.:
  $27 \cdot 5 = 5 \cdot 27$
  $135 = 135$
- **Assoziativgesetz** (Verbindungsgesetz) der Multiplikation:
  $(a \cdot b) \cdot c = a \cdot (b \cdot c) = a \cdot b \cdot c$
  In Produkten mit mehreren Faktoren dürfen beliebige Klammern gesetzt oder weggelassen werden, z. B.:
  $(27 \cdot 5) \cdot 20 = 27 \cdot (5 \cdot 20)$
  $135 \cdot 20 = 27 \cdot 100$
  $2700 = 2700$

14 Rechne vorteilhaft.

Beispiel: $4 \cdot 17 \cdot 5 = 4 \cdot 5 \cdot 17 = 20 \cdot 17 = 340$

a) $2 \cdot 57 \cdot 50 = 2 \cdot 50 \cdot 57 =$ ______

b) $25 \cdot 36 \cdot 4 =$ ______

c) $5 \cdot 19 \cdot 2 =$ ______

d) $8 \cdot 21 \cdot 5 =$ ______

e) $12 \cdot 7 \cdot 5 =$ ______

f) $5 \cdot 41 \cdot 20 =$ ______

g) $4 \cdot 53 \cdot 25 =$ ______

h) $25 \cdot 7 \cdot 4 =$ ______

i) $50 \cdot 12 \cdot 2 =$ ______

15 Die 24 Schülerinnen und Schüler der Klasse 5a fahren für 6 € pro Person ins Museum. Wie viel Geld muss die Klassenlehrerin einsammeln?

______

______

2.4 Division von natürlichen Zahlen

Regel

	Dividend	:	Divisor	=	Quotient
z.B.:	84	:	7	=	12
allgemein	a	:	b	=	c

- Natürliche Zahlen kann man nur dann ohne Rest dividieren, wenn der Dividend ein Vielfaches des Divisors ist.
- Große Zahlen werden schriftlich dividiert. Zur Hilfe sollte man einen Überschlag und eine Probe machen. Beim Überschlag werden beide Zahlen auf- oder abgerundet; die Probe erfolgt, indem man den Quotienten mit dem Divisor multipliziert.

Beispiel 1: 477 : 9; Überschlag: 500 : 10 = 50

	4	7	7	:	9	=	5	3															
-	4	5										Probe:				5	3	·	9				
		2	7														4	7	7				
	-	2	7																				
			0																				

Regel

Mithilfe der **Teilbarkeitsregeln** kann man feststellen, ob eine Division ohne Rest ausgeführt werden kann.

- Eine Zahl ist **durch 2** teilbar, wenn an ihrer Einerstelle eine gerade Zahl oder die Null steht.
- Eine Zahl ist **durch 3** teilbar, wenn ihre Quersumme* durch 3 teilbar ist.
- Eine Zahl ist **durch 4** teilbar, wenn ihre letzten beiden Stellen durch 4 teilbar sind oder 00 lauten.
- Eine Zahl ist **durch 5** teilbar, wenn an der Einerstelle eine 0 oder eine 5 steht.
- Eine Zahl ist **durch 6** teilbar, wenn ihre Einerstelle eine gerade Zahl ist und ihre Quersumme durch 3 teilbar ist.
- Eine Zahl ist **durch 8** teilbar, wenn ihre letzten drei Stellen durch 8 teilbar oder 000 sind.
- Eine Zahl ist **durch 9** teilbar, wenn ihre Quersumme durch 9 teilbar ist.
- Eine Zahl ist **durch 10** teilbar, wenn an ihrer Einerstelle eine 0 steht.

* Die Quersumme ist die Summe aller Ziffern einer Zahl, z. B. ist die Quersumme von 123: 1 + 2 + 3 = 6.

16 Kreuze an, wenn Teilbarkeit vorliegt.

teilbar	34 780	27 918	54 225	3600	2740	5214	3375	9450	9872	645 000
durch 2	×									
durch 3										
durch 4										
durch 5										
durch 6										
durch 8										
durch 9										
durch 10										

17 Verbinde die Aufgaben, die das gleiche Ergebnis haben, miteinander.

49 : 7   65 : 13   81 : 9   25 : 5   28 : 4   77 : 11

36 : 4   36 : 3   105 : 7   60 : 4   48 : 4

18 Teile die Zahlen durch ihren rechten Nachbarn und schreibe das Ergebnis in das darüberliegende Feld.

a)

5000	50	10	10

b)

1600	100	25	25

19 Berechne. Wenn du das Einmaleins bis 20 beherrschst, geht das im Kopf.

a) 108 : 12 = ______   b) 117 : 13 = ______   c) 120 : 15 = ______

d) 160 : 20 = ______   e) 91 : 13 = ______   f) 119 : 17 = ______

g) 104 : 8 = ______   h) 126 : 9 = ______   i) 133 : 19 = ______

j) 144 : 16 = ______   k) 90 : 18 = ______   l) 112 : 14 = ______

20 Dividiere schriftlich im Heft. Führe einen Überschlag und eine Probe durch.

a) 3784 : 4 = ________ b) 7695 : 5 = ________ c) 2835 : 9 = ________

d) 4722 : 6 = ________ e) 4272 : 8 = ________ f) 7882 : 14 = ________

g) 4875 : 15 = ________ h) 7925 : 25 = ________ i) 7157 : 17 = ________

j) 6228 : 18 = ________

Info plus Natürliche Zahlen, die größer als 1 sind und nur durch 1 und sich selbst teilbar sind, nennt man **Primzahlen**. Der Grieche Euklid hat im vierten Jahrhundert vor Christus festgestellt, dass es unendlich viele Primzahlen geben muss. Die **zurzeit größte bekannte Primzahl** ist die $2^{43112609} - 1$, eine Zahl mit 12 978 189 (dezimalen) Stellen. Gefunden wurde sie am 23. August 2008 auf einem Computer der mathematischen Fakultät an der University of California, Los Angeles.

Die Primzahlen bis 100 lauten: 2, 3, 5, 7, 11, 13, 17, 19, 23, 29, 31, 37, 41, 43, 47, 53, 59, 61, 67, 71, 73, 79, 83, 89, 97 X

21 Suche die Primzahlen und bilde ein Lösungswort.

a)

23	A	49	D	67	F	36	H	27	O
45	B	89	E	77	K	2	L	97	T

Lösungswort: ~~AEFLT~~ TAFel

b)

9 P, 17 H, 82 F, 65 Z, 5 S

83 U, 101 E, 19 C, 47 L, 63 K

Lösungswort: ~~HSU~~ECL Schuhle

22 Die Busfahrt in die Schwimmhalle kostet für 25 Personen 150 €. Wie viel muss jeder Teilnehmer bezahlen? ________

2.5 Verbindung der Grundrechenarten

Wenn mehrere Grundrechenarten in einer Aufgabe vorkommen ist es ganz wichtig, die Reihenfolge der Berechnungen einzuhalten.

Regel

Rechenregeln

- **„Klammer zuerst"**: Die Aufgabe in der Klammer wird zuerst berechnet.
- **„Punkt vor Strich"**: Punktrechnungen (Multiplikation und Division) werden vor den Strichrechnungen (Addition und Subtraktion) ausgeführt.
- **„von links nach rechts"**: Die Reihenfolge der Berechnung erfolgt von links nach rechts.

Beispiel 2: Achte auf die unterschiedlichen Ergebnisse.

a) $(48 + 4) \cdot 3 = 52 \cdot 3 = 156$
$48 + 4 \cdot 3 = 48 + 12 = 60$

b) $48 : (4 - 3) = 48 : 1 = 48$
$48 : 4 - 3 = 12 - 3 = 9$

23 Rechne im Kopf.

a) $(27 + 13) \cdot 4 =$ ______
b) $27 + 13 \cdot 4 =$ ______
c) $48 - 8 \cdot 5 =$ ______
d) $(48 - 8) \cdot 5 =$ ______
e) $7 \cdot 8 + 5 \cdot 9 =$ ______
f) $(104 - 73) \cdot 5 =$ ______
g) $48 + 57 - 18 =$ ______
h) $60 : 4 + 7 \cdot 3 =$ ______
i) $72 : (65 - 53) =$ ______
j) $(72 - 68) \cdot (43 - 38) =$ ______

24 Rechne schriftlich im Heft.

a) $(3871 + 4875) \cdot 27$
b) $(7842 + 931 - 278) \cdot 81$
c) $37 \cdot 48 + 53 \cdot 39$
d) $375 : 25 + 564 : 12$

25 Verbinde die Aufgaben, die das gleiche Ergebnis haben, miteinander.

$7 \cdot 20 + 7 \cdot 3$ | $8 \cdot (50 - 5)$ | $7 \cdot (20 + 3)$ | $4 \cdot 50 + 4 \cdot 7$

$8 \cdot 45$ | $7 \cdot 23$ | $12 \cdot 8$ | $6 \cdot 16$ | $4 \cdot 57$

Regel

Distibutivgesetze

Die Distributivgesetze bringen Rechenvorteile beim Multiplizieren und Dividieren von Summen und Differenzen.

$a \cdot (b + c) = a \cdot b + a \cdot c$ $(a + b) : c = a : c + b : c$

$a \cdot (b - c) = a \cdot b - a \cdot c$ $(a - b) : c = a : c + b : c$

Beispiel 3:

a) $5 \cdot 18 + 5 \cdot 32 = 5 \cdot (18 + 32) = 5 \cdot 50 = 250$

b) $7 \cdot 83 = 7 \cdot 80 + 7 \cdot 3 = 560 + 21 = 581$

26 Rechne vorteilhaft.

Beispiel: $5 \cdot 27 + 5 \cdot 43 =$ $5 \cdot (27 + 43) = 5 \cdot 70 = 350$

a) $7 \cdot 18 + 7 \cdot 32 =$ ______

b) $9 \cdot 21 + 9 \cdot 19 =$ ______

c) $6 \cdot 44 + 6 \cdot 56 =$ ______

d) $8 \cdot 33 + 8 \cdot 27 =$ ______

e) $4 \cdot 56 + 4 \cdot 14 =$ ______

27 Rechne im Kopf. Nutze das Distributivgesetz.

Beispiel: $9 \cdot 64 =$ $9 \cdot 60 + 9 \cdot 4 = 540 + 36 = 576$

a) $8 \cdot 76 =$ ______

b) $4 \cdot 93 =$ ______

c) $5 \cdot 87 =$ ______

d) $6 \cdot 57 =$ ______

e) $3 \cdot 74 =$ ______

f) $9 \cdot 52 =$ ______

g) $8 \cdot 48 =$ ______

h) $7 \cdot 69 =$ ______

2.6 Rechnen mit Größen

Regel

- Eine Größe besteht aus einer **Maßzahl** und einer **Maßeinheit**, → Beispiel 4a)
- Größen können nur **addiert** und **subtrahiert** werden, wenn sie die gleiche Maßeinheit haben oder in die gleiche Maßeinheit umgerechnet werden können, → Beispiel 4b).
- Größen können mit einer Zahl **multipliziert** oder durch eine Zahl **dividiert** werden, es ändert sich die Maßzahl, nicht die Maßeinheit, → Beispiel 4c).
- Beim Umrechnen in eine kleinere Maßeinheit vergrößert sich die Maßzahl, sie wird mit dem Umrechnungsfaktor multipliziert, → Beispiel 4d).
- Beim Umrechnen in eine größere Maßeinheit verkleinert sich die Maßzahl, sie wird durch den Umrechnungsfaktor dividiert, → Beispiel 4e).

Beispiel 4:

a) 7 m: 7 ist die Maßzahl und m, also Meter, die Maßeinheit

b) 7 m + 3 m = 10 m; 7 m + 300 cm = 7 m + 3 m = 10 m;
7 m + 300 cm = 700 cm + 300 cm = 1000 cm = 10 m

c) 7 m · 3 = 21 m; 6 kg : 2 = 3 kg

d) 17 cm $\xrightarrow{\cdot 10}$ 170 mm

e) 570 cm $\xrightarrow{:10}$ 57 dm

Regel

Längeneinheiten

	Kilometer (km)	
: 1000 ↑		↓ · 1000
	Meter (m)	
: 10 ↑		↓ · 10
	Dezimeter (dm)	
: 10 ↑		↓ · 10
	Zentimeter (cm)	
: 10 ↑		↓ · 10
	Millimeter (mm)	

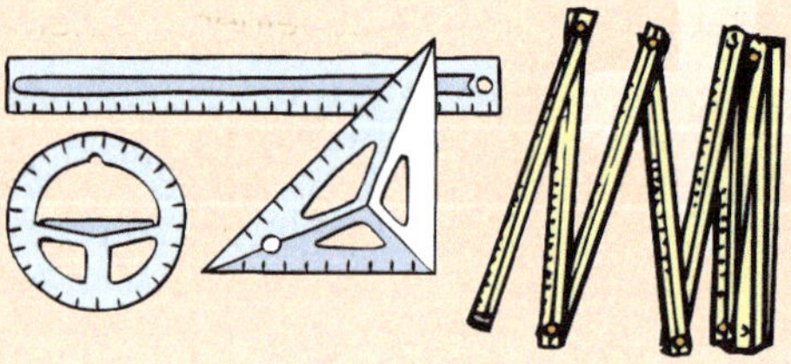

28 Wandle in die nächstkleinere Einheit um.

a) 670 cm = ________ b) 350 dm = ________ c) 11 m = ________

d) 78 m = ________ e) 4 dm = ________ f) 15 km = ________

29 Wandle in die nächstgrößere Einheit um.

a) 830 mm = ________ b) 940 cm = ________ c) 125 000 m = ________

d) 34 000 m = ________ e) 4250 cm = ________ f) 140 dm = ________

30 Berechne, achte auf die Einheiten.

a) 54 m + 26 m = ______ b) 564 m − 328 m = ______

c) 945 mm − 45 cm = ______ d) 75 dm − 56 mm = ______

Regel

Gewichtseinheiten

	Tonne (t)	
: 1000	Kilogramm (kg)	· 1000
: 1000	Gramm (g)	· 1000
: 1000	Milligramm (mg)	· 1000

In den Naturwissenschaften sagt man **Masse** statt Gewicht.

Info plus

Ein Kilogramm ist die Masse (umgangssprachlich: das Gewicht) des **Urkilogramms**, das in einem Safe in Sevres bei Paris aufbewahrt wird. Es ist ein Zylinder aus einer Platin-Iridium-Legierung. Damit in allen Ländern für ein Kilogramm die gleiche Masse verwendet wird, hat jedes Land eine Nachbildung.

31 Rechne in die nächstkleinere Einheit um.

a) 75 g = ______ b) 27 t = ______ c) 3 kg = ______

d) 7 t = ______ e) 34 kg ______ f) 13 g = ______

32 Rechne in die nächstgrößere Einheit um.

a) 5000 g = ______ b) 35 000 kg = ______ c) 78 000 mg = ______

33 Berechne und achte auf die Einheiten.

a) 32 kg + 57 kg = ______ b) 105 kg : 15 = ______

c) 42 g · 100 = ______ d) 37 g + 4500 mg = ______

e) 5 t − 3000 kg = ______ f) 21 kg · 11 = ______

Regel

Geldeinheiten

1 Euro (€) = 100 Cent (ct)

Oft gibt man Geldbeträge in zwei Einheiten an:
4,51 € = 451 Cent = 4 € 51 ct

34 Rechne in die angegebene Einheit um.

a) 15 € = ________ ct b) 320 ct = ________ € c) 45 ct = ________ €

d) 333 ct = ________ € e) 15 ct = ________ € f) 4 € = ________ ct

35 Gib das Ergebnis in zwei Einheiten an.

a) 3,54 € = ____________________ b) 0,27 € = ____________________

c) 8,04 € = ____________________ d) 275 ct = ____________________

e) 486 ct = ____________________ f) 52 ct = ____________________

Regel

Zeiteinheiten

:12 (Jahr) · 12
:28, 29, 30, 31 (Monat) · 28, 29, 30, 31
:24 (Tag) · 10
:60 (Stunde) · 10
:60 (Minute) · 10
Sekunde

Das „d" bei Tag steht für *dies* (lat.: Tag),
das „h" bei Stunde für *hora* (lat.: Stunde).

36 Rechne in die angegebene Einheit um.

a) 4 min = ________ s b) 8 d = ________ h

c) 420 min = ________ h d) 2 Jahre = ____ Monate

e) 660 s = ________ min f) 72 h = ________ d

g) 5 Wochen = ______ d h) 7 Monate = ________ d

12 Beschreibe das Kommutativgesetz der Addition und nenne die Formeln.

13 Erkläre das Assoziativgesetz der Addition an einem Beispiel.

14 Wie lautet das Kommutativgesetz der Multiplikation?

15 Welches Rechengesetz wendest du bei der Aufgabe $(27 \cdot 5) \cdot 20$ an? Warum?

16 Nenne das Distibutivgesetz. Wann wird es angewandt?

17 Wie heißen die Ergebnisse von
a) Addition, b) Subtraktion, c) Division und d) Multiplikation?

18 Wann ist eine Zahl durch 5 teilbar?

19 Wie nennt man die Zahlen, die nur durch sich selbst und 1 teilbar sind?

20 In welcher Reihenfolge löst du Aufgaben, bei denen Multiplikationen, Subtraktionen und Klammern vorkommen?

21 Wenn du eine Größe in einer kleineren Einheit angeben willst, wird die Maßzahl dann größer oder kleiner?

22 Mit welchem Faktor musst du die Maßzahl beim Umrechnen von Gramm in Kilogramm multiplizieren? ______

__/3 **1** Addiere schriftlich.

a) 546 + 1281 + 43 485 + 311
b) 87 542 + 88 888 + 999 + 327
c) 54 + 545 + 5454 + 54 545 + 545 454

__/4 **2** Subtrahiere geschickt.

a) 97 – 48 – 24 = ______

b) 150 – 76 – 59 = ______

__/4 **3** Subtrahiere schriftlich.

a) 27 842 – 3876 – 2794 – 8761
b) 45 984 – 2684 – 27 811 – 3927

__/4 **4** Rechne vorteilhaft.

a) $3 \cdot 77 + 3 \cdot 23 =$ ______

b) $9 \cdot 18 + 9 \cdot 12 =$ ______

c) $8 \cdot 45 + 8 \cdot 35 =$ ______

d) $7 \cdot 57 + 7 \cdot 13 =$ ______

5 Berechne. Nutze dein Heft für Nebenrechnungen. ___/4

a) $(2761 + 5489) : 10 =$ ____________ b) $128 \cdot 72 - 275 : 25 =$ ____________

c) $12 \cdot 7 + 14 \cdot 8 + 16 \cdot 9 =$ ____________ d) $(376 + 224) : (418 - 393) =$ ____________

Nutze bei den Textaufgaben dein Heft für die Nebenrechnungen.

6 Marcel geht für seine Oma einkaufen. Er kauft 1 Brot zu 1,59 €, 2 Tüten Milch zu je 79 Cent, Wurst für 5,49 € und 4 Brötchen zu je 28 Cent. ___/4

Wie viel muss er bezahlen? ____________

7 Eine Hühnerfarm hält 500 Hühner. Jedes Huhn legt 6 Eier pro Woche. ___/4

Wie viele Eier kann die Farm in einem Monat (4 Wochen) verkaufen?

____

8 Der Gepard, das schnellste Landtier der Welt, kann ca. 32 m in einer Sekunde laufen. ___/4

a) Wie lang würde er für eine Strecke von 480 m brauchen? ____________

b) Welche Strecke kann er in einer Minute zurücklegen? ____________

9 Katarina fährt jeden Tag 8 km mit dem Bus zur Schule. Wie viele Kilometer (Hin- und Rückweg) hat sie in einer Schulwoche zurückgelegt? ___/4

____

10 Die Insel Rügen, die größte Insel Deutschlands, ist fast 30-mal größer als die Insel Borkum mit 31 km². Wie groß ist Rügen? ___/4

____

Gesamtpunktzahl ___/39

3 Bruchrechnen

Die Überlieferung erzählt, dass der Heilige Martin einem Bettler am Stadttor von Amiens begegnete und aus Barmherzigkeit mit seinem Schwert seinen Mantel teilte. Er gab dem Bettler die eine Hälfte des Mantels. Sehr häufig müssen wir ein Ganzes aufteilen und mit diesen Teilen dann auch rechnen.

3.1 Begriffe der Bruchrechnung

Regel

- In der Mathematik geht man davon aus, dass **alle Anteile** beim Teilen **gleich groß** sind. Wenn wir beispielsweise in acht Teile aufteilen, so erhält man acht gleich große Teile. Jedes dieser Teile wird ein Achtel genannt.
- Ein Bruch besteht aus zwei untereinander geschriebenen Zahlen, die durch einen Strich (den **Bruchstrich**) getrennt werden: $\frac{\text{Zähler}}{\text{Nenner}}$
- Der **Nenner** N steht unterhalb des Bruchstriches, er gibt an, in wie viele Teile das Ganze geteilt wurde: $\frac{\text{Zähler}}{\textbf{Nenner}}$
- Der **Zähler** steht oberhalb des Bruchstrichs, er gibt an, wie viele dieser Teile genommen werden: $\frac{\textbf{Zähler}}{\text{Nenner}}$

Beispiel 1:

Anzahl der Teile	2	100	4	n
Schreibweise	$\frac{1}{2}$	$\frac{1}{100}$	$\frac{1}{4}$	$\frac{1}{n}$
Sprechweise	ein Halbes	ein Hundertstel	ein Viertel	ein n-tel
Schreibweise bei drei Teilen	$\frac{3}{2}$	$\frac{3}{100}$	$\frac{3}{4}$	$\frac{3}{n}$
Sprechweise	drei Halbe	drei Hundertstel	drei Viertel	drei n-tel

1 Welchen Bruchteil stellt die blau gefärbte Fläche dar?

a) ____ b) ____ c) ____ d) ____ e) ____

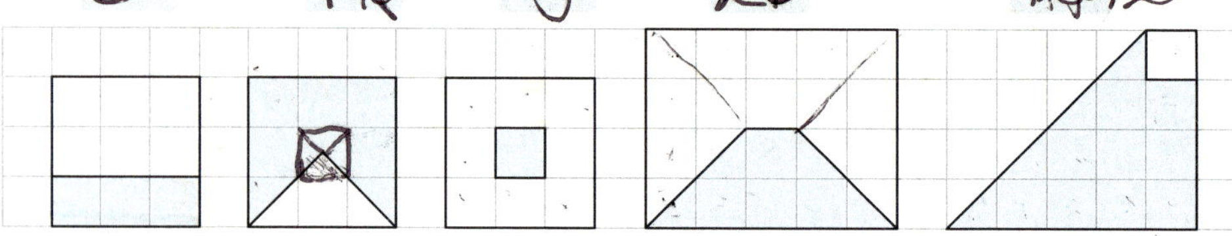

2 $\frac{3}{5}$ des örtlichen Fußball-Fan-Clubs mit 20 Mitgliedern sind Mädchen.
Wie viele Mädchen sind im Club? Es sind 12 Mädchen

3 Schraffiere den vorgegebenen Bruchteil.

a) $\frac{2}{3}$ b) $\frac{1}{12}$ c) $\frac{1}{2}$ d) $\frac{5}{8}$

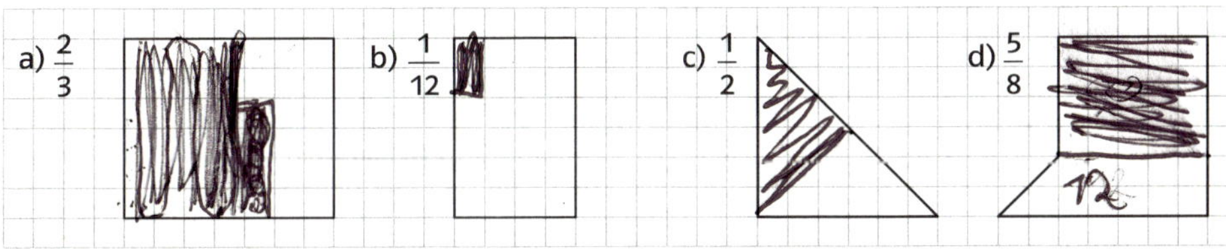

Regel

Man unterscheidet folgende Brucharten:

- Ein **echter Bruch** ist ein Bruch, bei dem der Zähler kleiner als der Nenner ist. Ein echter Bruch ist stets kleiner als 1, z. B.: $\frac{3}{5}$; $\frac{116}{200}$; $\frac{1}{100}$; $\frac{1}{10}$; $\frac{99}{100}$; $\frac{33}{2356}$; …
- Ein **unechter Bruch** ist ein Bruch, bei dem der Zähler größer als der Nenner ist. Ein unechter Bruch ist größer als 1, z. B.: $\frac{5}{3}$; $\frac{200}{116}$; $\frac{100}{13}$; $\frac{130}{13}$; $\frac{21}{5}$; $\frac{3}{2}$; $\frac{11}{10}$; …
- Eine **gemischte Zahl** ist die Summe einer natürlichen Zahl mit einem Bruch, z. B.: $1\frac{2}{3}\left(= 1 + \frac{2}{3}\right)$; $4\frac{3}{5}\left(= 4 + \frac{3}{5}\right)$; $345\frac{27}{30}\left(= 345 + \frac{27}{30}\right)$; …
  Man lässt bei dieser Summe vereinbarungsgemäß das Pluszeichen weg.
  Vorsicht: wenn ein Rechenzeichen nicht geschrieben wird, ist dies normalerweise das Multiplikationszeichen „·"; z. B.: 5(3 + 1) oder 4x.
  Die einzige Ausnahme ist die gemischte Zahl, denn hier wird das +-Zeichen weggelassen: $1\frac{1}{2}$ bedeutet also $1 + \frac{1}{2}$.
- Unechte Brüche lassen sich stets auch als gemischte Zahlen notieren und umgekehrt, z. B.: $2\frac{1}{2} = \frac{2}{1} + \frac{1}{2} = \frac{4}{2} + \frac{1}{2} = \frac{5}{2}$; $\frac{12}{5} = \frac{10}{5} + \frac{2}{5} = 2\frac{2}{5}$ (→ Seite 41).

4 Gib an um welche Bruchart es sich handelt. Schreibe, wo möglich, den unechten Bruch als gemischte Zahl und die gemischte Zahl als unechten Bruch.

Bruch	$\frac{3}{4}$	$\frac{4}{3}$	$1\frac{2}{3}$	$\frac{7}{2}$	$\frac{3}{7}$	$4\frac{1}{2}$	$\frac{24}{5}$	$6\frac{1}{6}$	$\frac{3}{8}$
Art	e	u	g	u	e	g	u	g	e
umgeschrieben	$\frac{3}{4}$	$1\frac{1}{3}$	$\frac{5}{3}$	$3\frac{1}{2}$	$\frac{3}{7}$	$\frac{5}{2}$	$4\frac{4}{5}$	$\frac{37}{6}$	$\frac{3}{8}$

3.2 Erweitern, Kürzen und Vergleichen von Brüchen

Regel

Der Wert eines Bruches ändert sich nicht, wenn man den Zähler und den Nenner mit der gleichen Zahl (ungleich null) multipliziert (**Erweitern des Bruches**) oder durch die gleiche Zahl (ungleich null) dividiert (**Kürzen des Bruches**). Bei gemischten Zahlen wird nur der Bruch gekürzt bzw. erweitert.

Beispiel 2:

Kürzen von $2\frac{10}{8}$ (mit 2): $2\frac{10}{8} = 2\frac{10:2}{8:2} = 2\frac{5}{4}$; Erweitern von $\frac{3}{2}$ (mit 8): $\frac{3}{2} = \frac{3 \cdot 8}{2 \cdot 3} = \frac{24}{16}$

allgemein: $\frac{a}{b}$ erweitert mit c: $\frac{a \cdot c}{b \cdot c}$; $\frac{a}{b}$ gekürzt mit c: $\frac{a:c}{b:c}$

5 Kürze und erweitere, wenn möglich.

Bruchzahl	$\frac{4}{8}$	$\frac{26}{10}$	$\frac{8}{2}$	$1\frac{4}{6}$	$\frac{32}{100}$	$\frac{16}{18}$	$\frac{3}{10}$	$\frac{2}{10}$	$\frac{28}{52}$
durch 2 gekürzt									
mit 3 erweitert									

6 Erweitere auf den vorgegebenen Nenner.

a) $\frac{3}{2} = \frac{54}{36}$ b) $\frac{1}{2} = \frac{18}{36}$ c) $\frac{7}{6} = \frac{42}{36}$ d) $1\frac{1}{4} = \frac{9}{36}$

7 Kürze so weit wie möglich.

a) $\frac{36}{8} = \frac{9}{2}$ b) $\frac{12}{15} = \frac{4}{5}$ c) $\frac{100}{60} = \frac{5}{3}$ d) $\frac{33}{77} = \frac{3}{7}$

Regel

Das kleinste gemeinsame Vielfache (kgV) zweier Brüche heißt **Hauptnenner**. Beide Nenner sind Teiler des Hauptnenners.

Beispiel 3: Finde den Hauptenner von $\frac{2}{6}$ und $\frac{7}{12}$.
Der Hauptnenner ist die 12, da 12 die kleinste Zahl ist, die sich durch 6 und 12 teilen lässt.

8 Finde den Hauptnenner.

a) $\frac{3}{5}$; $\frac{2}{7}$ HN:____ b) $\frac{7}{8}$; $\frac{3}{4}$ HN:____ c) $\frac{7}{9}$; $\frac{3}{12}$ HN:____ d) $\frac{11}{10}$; $\frac{3}{5}$ HN:____

Regel

Brüche vergleichen

- Bei Brüchen mit **gleichem Nenner** ist der Bruch mit dem größeren Zähler größer, $\frac{7}{12} > \frac{3}{12}$.
- Bei Brüchen mit **gleichem Zähler** ist der Bruch mit dem kleineren Nenner größer $\frac{7}{12} > \frac{7}{13}$.
- Brüche mit unterschiedlichen Zählern und Nennern werden zuerst **auf den gleichen Nenner erweitert**.

9 Ordne im Heft der Größe nach, beginne mit dem kleinsten Bruch.
Bringe dazu erst alle Brüche auf den gleichen Nenner und sortiere dann.

$\frac{2}{3}; \frac{3}{5}; \frac{1}{2}; \frac{2}{5}; \frac{3}{4}; \frac{1}{3}; \frac{4}{5}; \frac{1}{4}; \frac{1}{5}$

3.3 Rechnen mit Brüchen

Regel

Addition und Subtraktion

- Man kann zwei Bruchzahlen nur dann addieren oder subtrahieren, wenn sie **den gleichen Nenner** haben.
- Zwei Brüche werden **addiert**, indem man die Zähler addiert und den gemeinsamen Nenner beibehält.
- Zwei Brüche werden **subtrahiert**, indem man die Zähler subtrahiert und den gemeinsamen Nenner beibehält.
- Wende bei **gemischten Zahlen** das Kommutativgesetz an (Beispiel 3b) oder schreibe die natürlichen Zahlen als unechte Brüche (Beispiel 3c).
- Im Ergebnis werden unechte Brüche in gemischte Zahlen umgewandelt und es wird so weit wie möglich gekürzt.

Beispiel 4: a) $\frac{3}{5} + \frac{5}{4} = \frac{3 \cdot 4}{5 \cdot 4} + \frac{5 \cdot 5}{4 \cdot 5} = \frac{12}{20} + \frac{25}{20} = \frac{12 + 25}{20} = \frac{37}{20} = 1\frac{17}{20}$

b) $1\frac{1}{2} + 2\frac{1}{4} = 1 + \frac{1}{2} + 2 + \frac{1}{4} = 1 + 2 + \frac{2}{4} + \frac{1}{4} = 3 + \frac{2+1}{4} = 3 + \frac{3}{4} = 3\frac{3}{4}$

c) $2 - \frac{3}{4} + \frac{1}{8} = \frac{2}{1} - \frac{3}{4} + \frac{1}{8} = \frac{16}{8} - \frac{6}{8} + \frac{1}{8} = \frac{16 - 6 + 1}{8} = \frac{11}{8} = 1\frac{3}{8}$

10 Addiere und subtrahiere im Heft.

a) $\frac{2}{3} + \frac{1}{5}$	b) $\frac{2}{3} - \frac{1}{5}$	c) $\frac{2}{3} + \frac{1}{2}$	d) $\frac{2}{3} - \frac{1}{2}$
e) $\frac{10}{9} + \frac{9}{10}$	f) $\frac{10}{9} - \frac{9}{10}$	g) $\frac{3}{5} + \frac{1}{2}$	h) $\frac{3}{5} - \frac{1}{2}$
i) $\frac{2}{5} + \frac{2}{7}$	j) $\frac{2}{5} - \frac{2}{7}$	k) $\frac{13}{3} + \frac{7}{4}$	l) $\frac{13}{3} - \frac{7}{4}$
m) $4 + \frac{3}{7}$	n) $4 - \frac{3}{7}$	o) $\frac{3}{2} + 1$	p) $\frac{3}{2} - 1$

Regel

Multiplikation und Division

- Zwei Brüche werden **multipliziert**, indem man die beiden Zähler und die beiden Nenner miteinander multipliziert: $\frac{a}{b} \cdot \frac{c}{d} = \frac{a \cdot c}{b \cdot d}$.
- Tauscht man den Zähler und den Nenner eines Bruches, erhält man die **Kehrzahl des Bruches** (den **Kehrbruch**). Der Kehrbruch von $\frac{a}{b}$ ist somit $\frac{b}{a}$.
- Zwei Brüche werden **dividiert**, indem man den Dividenden mit dem Kehrbruch multipliziert: $\frac{a}{b} : \frac{c}{d} = \frac{a}{b} \cdot \frac{d}{c} = \frac{a \cdot d}{b \cdot c}$.
- Gemischte Zahlen werden vor Multiplikation oder Division in unechte Brüche umgewandelt.
- Möchte man einen Bruch mit einer natürliche Zahl multiplizieren, oder durch eine natürliche Zahl dividieren, wandelt man die natürlichen Zahl in einen (unechten) Bruch mit dem Nenner 1 um: $1 = \frac{1}{1}$, $7 = \frac{7}{1}$, $257 = \frac{257}{1}$.

11 Berechne im Heft. Kürze, wenn möglich.

a) $\frac{3}{5} \cdot \frac{7}{2}$ b) $\frac{9}{8} \cdot \frac{4}{3}$ c) $\frac{8}{9} \cdot \frac{4}{3}$ d) $\frac{100}{9} \cdot \frac{27}{60}$

e) $\frac{2}{5} \cdot \frac{3}{2} \cdot \frac{7}{3}$ f) $\frac{3}{8} \cdot \frac{20}{7}$ g) $\frac{16}{7} \cdot \frac{1}{60}$ h) $3 \cdot \frac{7}{8}$

i) $\frac{3}{5} : \frac{7}{2}$ j) $\frac{9}{8} : \frac{3}{4}$ k) $\frac{45}{4} : 20$ l) $\frac{18}{5} : \frac{1}{20}$

m) $\frac{10}{7} : \frac{7}{10}$ n) $\frac{10}{7} : \frac{10}{7}$ o) $25 : \frac{30}{7}$ p) $18 : 12$

Tipp

Bevor man zwei Brüche miteinander multipliziert sollte man prüfen, ob man **überkreuz kürzen** kann. Dabei kürzt man den Zähler des linken mit dem Nenner des rechten Bruchs und umgekehrt:

$$\frac{8}{35} \cdot \frac{25}{12} = \frac{8:4}{35:5} \cdot \frac{25:5}{12:4} = \frac{2}{7} \cdot \frac{5}{3} = \frac{2 \cdot 5}{7 \cdot 3} = \frac{10}{21}$$

Man spart dadurch meist viel Rechenarbeit und vermeidet Fehler.

12 Kürze vor der Berechnung überkreuz.

a) $\frac{8}{25} \cdot \frac{15}{12} =$ ______ b) $\frac{15}{12} : \frac{3}{4} =$ ______

c) $\frac{16}{21} \cdot \frac{77}{12} =$ ______ d) $\frac{60}{77} : \frac{24}{11} =$ ______

e) $\frac{14}{15} \cdot \frac{10}{21} =$ ______ f) $\frac{75}{48} : \frac{25}{4} =$ ______

g) $25 : \frac{5}{17} =$ ______

Tipp

Mathematisch gesehen ist ein Bruch nichts anderes als eine Division zweier ganzer Zahlen: $\frac{a}{b} \Leftrightarrow a:b$. Mit diesem Wissen lassen sich **Doppelbrüche** einfach lösen: Man schreibt den Doppelbruch als Division.

$$\frac{\frac{a}{b}}{\frac{c}{d}} = \frac{a}{b} : \frac{c}{d} = \frac{a}{b} \cdot \frac{d}{c} = \frac{a \cdot d}{b \cdot c}$$

13 Gib als Ergebnis den gekürzten Bruch an. (Nebenrechnungen im Heft.)

a) $\frac{\frac{3}{4}}{\frac{5}{6}} =$ ______ b) $\frac{\frac{2}{3}}{\frac{8}{10}} =$ ______ c) $\frac{\frac{16}{9}}{\frac{25}{8}} =$ ______ d) $\frac{\frac{14}{3}}{\frac{14}{3}} =$ ______

Regel

Wie bei der Berechnung mit natürlichen Zahlen gilt auch für Bruchzahlen (→ Seite 30): Klammern zuerst, Punkt vor Strich, von links nach rechts.

14 Berechne im Heft.

a) $\frac{3}{4} \cdot \left(\frac{2}{3} + \frac{1}{5}\right)$ b) $\frac{2}{5} : \left(\frac{4}{7} + \frac{1}{2}\right)$ c) $\left(3 \cdot \left(\frac{4}{3} - \frac{2}{5}\right)\right) : \frac{2}{3}$

d) $\frac{1}{8} + 4 \cdot \left(\frac{25}{2} - 4\right)$ e) $\left(\frac{1}{4} : \frac{2}{3}\right) : \left(\frac{1}{2} + 2\right)$ f) $\frac{\frac{3}{4} + 1}{2\frac{1}{6}}$

Regel

Bruchteile von Größen

Auch eine Größe (Länge, Fläche, Zeit, …) kann man natürlich teilen und vervielfachen. Oft ist es sinnvoll, zunächst in kleinere Einheiten umzurechnen (siehe Beispiel). Achte darauf, immer nur mit gleichen Einheiten zu rechnen!
Den Ausdruck „von" deutet man als Multiplikation: $\frac{1}{2}$ von 4 kg = $\frac{1}{2} \cdot 4$ kg.

Beispiel 5:

$\frac{3}{5}$ von 1 h = $\frac{3}{5} \cdot 1\,\text{h} = \frac{3}{5} \cdot 60\,\text{min} = \frac{3}{5} \cdot \frac{60}{1}\,\text{min} = \frac{3 \cdot 60}{5 \cdot 1}\,\text{min} = \frac{180}{5}\,\text{min} = \frac{36}{1}\,\text{min} = 36\,\text{min}$

$2\frac{2}{5}\,\text{m} = 2\,\text{m} + \frac{2}{5}\,\text{m} = 200\,\text{cm} + \frac{2}{5} \cdot 100\,\text{cm} = 200\,\text{cm} + \frac{2 \cdot 100}{5 \cdot 1}\,\text{cm} = 200\,\text{cm} + \frac{200}{50}\,\text{cm}$
$= 200\,\text{cm} + 40\,\text{cm} = 240\,\text{cm}$

15 Berechne.

a) das viereinhalbfache von $3\frac{1}{5}$ m b) drei Fünftel von 3 €

c) $\frac{3}{5}$ von 90 kg d) $4\frac{1}{2} \cdot 20\,°\text{C}$

23 Was sagt der Nenner bei einer Bruchzahl aus?

24 Was versteht man unter einem echten Bruch?

25 Was ist ein unechter Bruch?

26 Was bedeutet der Ausdruck „gemischte Zahl"?

27 Können unechte Brüche oder gemischte Zahlen kleiner als 1 sein?

28 Was versteht man unter „Erweitern eines Bruches"?

29 Wie kürzt man einen Bruch?

30 Wie addiert und subtrahiert man Brüche?

31 Wie multipliziert man zwei Brüche miteinander?

32 Wie dividiert man einen Bruch durch einen anderen Bruch?

33 Berechne den Term $\frac{4}{3} + \frac{3}{2} \cdot \left(2 + \frac{5}{6}\right)$. In welcher Reihenfolge rechnest du?

1 Welcher Bruchteil ist farbig markiert? ___/4

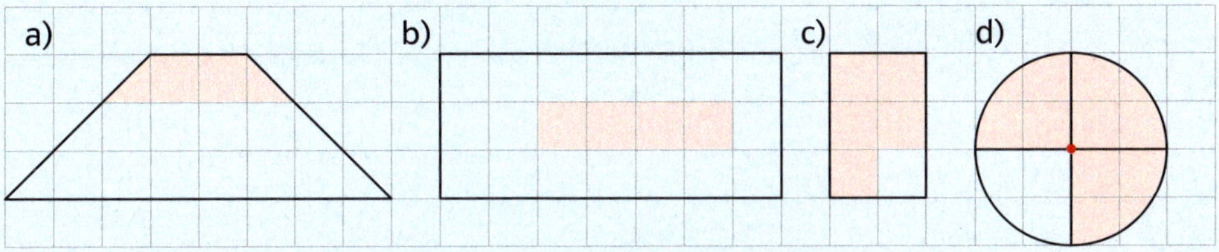

2 Ergänze zur nächstgrößeren natürlichen Zahl. ___/5

$\frac{3}{7}$	$\frac{3}{100}$	$\frac{1}{1}$	$\frac{3}{17}$	$\frac{9}{5}$	$\frac{1}{3}$	$\frac{25}{101}$	$\frac{9}{8}$	$\frac{8}{9}$	$1\frac{1}{3}$

3 Fülle die Tabelle aus. ___/4

Zahl 1 (Z 1)	$\frac{4}{5}$	$\frac{3}{2}$	$1\frac{2}{3}$	2	$\frac{3}{2}$
Zahl 2 (Z 2)	$\frac{3}{4}$	$\frac{3}{2}$	$\frac{4}{5}$	$\frac{8}{9}$	1
Z1 · Z2					
Z1 + Z2					
Z1 – Z2					
Z1 : Z2					

4 a) Wie viel sind $\frac{2}{3}$ von $\frac{3}{5}$ kg? ___________ ___/4

b) Ist die Differenz von $\frac{5}{6}$ und $\frac{4}{5}$ größer als die Differenz von $\frac{2}{3}$ und $\frac{3}{4}$?

____

____

____

5 Berechne. ___/6

a) $\frac{2}{3} + \frac{1}{4} \cdot \left(\frac{5}{2} - 2\right) =$ ___________

b) $\frac{2}{5} - \frac{1}{4} : \left(\frac{3}{8} - \frac{1}{7}\right) =$ ___________

c) $\left[\left(\frac{2}{3} + \frac{1}{5}\right) \cdot \frac{3}{2}\right] : \frac{1}{2} =$ ___________

Gesamtpunktzahl ___/23

4 Positive Dezimalbrüche

In jedem Getränkemarkt kann man Mineralwasser in verschieden großen Flaschen kaufen. Es gibt die 1,5-Liter-, die 1-Liter-, die 0,75-Liter-, die 0,5-Liter- und die 0,33-Liter-Flaschen. Was sind das eigentlich für Zahlen, die zwischen den Ziffern ein Komma haben?

4.1 Die erweiterte Stellenwerttafel

Eine Ziffer wird erst durch ihre Stelle zur Zahl. Jeder weiß, dass 123; 132; 213; 231; 312 und 321 jeweils aus den drei Ziffern 1, 2 und 3 bestehen, aber verschiedene Zahlen sind. Wir benutzen das Zehnersystem, das jeder Stelle den Wert einer Zehnerpotenz gibt. Vergleiche dazu auch Kapitel 1.

Regel

Wie bei den natürlichen Zahlen gilt:

- Rückt man eine Ziffer in der Stellenwerttafel um eine Stelle nach links, erhält sie den zehnfachen Wert.
- Rückt man eine Ziffer in der Stellenwerttafel um eine Stelle nach rechts, erhält sie ein Zehntel ihres ursprünglichen Wertes.

Diese Vorgehensweise gilt auch rechts von der Einerstelle.
Rechts von der Einerstelle steht das Komma.

Auch hier gilt: **Eine Zahl im Zehnersystem ist die Summe der Produkte aus Ziffer mal Stellenwert:** $59{,}2 = 5 \cdot 10 + 9 \cdot 1 + 2 \cdot \frac{1}{10}$

Beispiel 1: 7035,405

Stellenwert	…	T	H	Z	E	Zehntel	Hundertstel	Tausendstel	…
Potenzschreibweise	…	10^3	10^2	10^1	10^0	$\frac{1}{10} = 10^{-1}$	$\frac{1}{100} = 10^{-2}$	$\frac{1}{1000} = 10^{-3}$	…
Stelle vor/nach Komma	…	4	3	2	1	1	2	3	…
		7	0	3	5	4	0	5	

$$7035{,}405 = 7 \cdot 1000 + 0 \cdot 100 + 3 \cdot 10 + 5 \cdot 1 + 4 \cdot \frac{1}{10} + 0 \cdot \frac{1}{100} + 5 \cdot \frac{1}{1000}$$

1 Zerlege die Zahlen wie im Beispiel 1.

a) 389,75 = ______________________

b) 17,234 = ______________________

Info plus

Bei Größen werden oft **griechischen Vorsilben** zur Bestimmung des Stellenwertes verwendet: 10^3 g = 1 **Kilo**gramm; 10^9 Byte = 1 **Giga**byte …

zepto	atto	femto	pico	nano	micro	milli	kilo	mega	giga	tera	peta	exa	zetta
10^{-21}	10^{-18}	10^{-15}	10^{-12}	10^{-9}	10^{-6}	10^{-3}	10^3	10^6	10^9	10^{12}	10^{15}	10^{18}	10^{21}

4.2 Dezimalbrüche

Regel

Eine Zahl mit Komma zwischen den Ziffern heißt **Dezimalbruch** oder **Dezimalzahl.**

- **abbrechende Dezimalzahlen:** an irgend einer Stelle „geht die Division auf", es bleibt kein Rest"; z.B. 5:8 = 0,625; 10 000:64 = 156,25; 1:2 = 0,5.
- **nicht abbrechende periodische Dezimalzahlen**: die Ziffern rechts vom Komma wiederholen sich ab einer Stelle und brechen nicht ab; die sich wiederholenden Ziffern nennt man Periode, man kennzeichnet sie durch einen Übertrich; z.B. 5:9 = 0,5555555… = $0,\overline{5}$; 700:99 = 7,07070707… = $7,\overline{07}$.

Abbrechende und nicht abbrechend periodische Dezimalzahlen werden auch als Dezimalbrüche bezeichnet.

Desweiteren gibt es noch **nicht abbrechende, nicht periodische Dezimalzahlen**: die Ziffernfolge geht ohne wiederholende Reihenfolge unendlich weiter, z.B. bei der Zahl π. Diese Zahlen sind aber hier noch nicht relevant.

Beispiel 2: Dezimalbrüche sind z.B.: 3,123; 0,005; 1 234 567,8; 10 000,2; 23,345 678
keine Dezimalbrüche sind: 205; 17; 10^3; 28; $\frac{1}{2}$; 0 …

2 Mit welcher Zehnerpotenz (…; $10^{-1} = \frac{1}{10}$; $10^1 = 10$; $10^2 = 100$; $10^3 = 1000$, …) muss man multiplizieren, damit die Zahl in der ersten Zeile der Tabelle

a) zwischen 1 und 10 liegt?
b) zwischen 10 und 100 liegt?
c) zwischen 100 und 1000 liegt?
d) zwischen 0 und 1 liegt?

Zahl	0,12	0,0101	0,000 045	1,25
a)	$\cdot 10^1$ ($\cdot 10$)			
b)				
c)				
d)				

3 Durch welcher Zehnerpotenz (… $10^{-1} = \frac{1}{10}$; $10^1 = 10$; $10^2 = 100$; $10^3 = 1000$, …) muss man dividieren, damit die Zahl in der ersten Zeile der Tabelle

a) zwischen 1 und 10 liegt?
b) zwischen 10 und 100 liegt?
c) zwischen 100 und 1000 liegt?
d) zwischen 0 und 1 liegt?

Zahl	12	230	450 045	1,25
a)	$:10^1$ (:10)			
b)				
c)				
d)				

Regel

Vom Dezimalbruch zum Bruch und umgekehrt

Dezimalbruch → Bruch
- die Nachkommastellen des Dezimalbruchs als Summe von Ziffer mal Stellenwert schreiben ①
- Summanden auf Hauptnenner bringen und addieren ②
- wenn möglich kürzen ③

Bruch → Dezimalbruch
- den Bruchstrich durch das Rechenzeichen geteilt (:) ersetzen
- dividieren, bis die Division „aufgeht" oder sich die Ziffern wiederholen
- bei periodischen Zahlen die Periode (durch Überstrich) kennzeichnen

Beispiel 3:

a) $35{,}74 = 35 + 7 \cdot \frac{1}{10} + 4 \cdot \frac{1}{100}$ ①

$= 35 + \frac{70}{100} + \frac{4}{100} = 35\frac{74}{100}$ ②

$= 35\frac{74}{100} = 35\frac{37}{50}$ ③

b) $0{,}786 = \frac{7}{10} + \frac{8}{100} + \frac{6}{1000} = \frac{786}{1000} = \frac{393}{500}$

c) $\frac{14}{5} = 14:5 = 2{,}8$

d) $\frac{14}{99} = 14:99 = 0{,}14141414\ldots = 0{,}\overline{14}$

4 Wandle die Brüche in Dezimalbrüche um. Nutze dein Heft für Nebenrechnungen.

a) $\frac{3}{5}$ = 0,6
b) $\frac{53}{6}$ = $8{,}8\overline{3}$
c) $\frac{12}{100}$ = 0,12
d) $3\frac{5}{50}$ = 3,1

5 Wandle die Dezimalbrüche in (unechte) Brüche um. Kürze die Brüche, soweit möglich.

a) 2,45 = ______ b) 3,01 = ______ c) 0,0201 = ______

d) 33,2 = ______ e) 22,001 = ______

6 Wandle die Doppelbrüche in Dezimalbrüche um. Nutze für Nebenrechnungen dein Heft.

a) $\frac{\frac{3}{4}}{\frac{5}{6}}$ = ______ b) $\frac{\frac{1}{5}}{\frac{2}{3}}$ = ______ c) $\frac{\frac{2}{3}}{\frac{1}{5}}$ = ______ d) $\frac{\frac{4}{27}}{\frac{5}{27}}$ = ______

Regel

Dezimalbrüche vergleichen

Gehe stellenweise vor: Vergleiche, links beginnend, die Ziffern mit demselben Stellenwert. Die Zahl, bei der das erste Mal eine größere Ziffer auf demselben Stellenwert steht, ist die größere Zahl.

Beispiel 4: Setze das richtige Relationszeichen ein.

a) 675,342 ☐ 681,111
Vergleiche die Hunderter: 6 = 6
Vergleiche die Zehner: 7 < 8,
also: 675,342 ☐< 681,111

b) 87,654 > 87,651
Zehner, Einer, Zehntel und Hundertstel sind gleich; Tausendstel: 4 > 1
also: 87,654 ☐> 87,651

7 Setze das richtige Relationszeichen ein.

a) 4,32 ☐ 4,33 b) 3,430 ☐ 3,432 c) 4,99 ☐ 11,32 d) 2,32 ☐ 2,32

8 Wandle die Brüche in Dezimalbrüche um und ordne dann der Größe nach. Beginne mit der kleinsten Zahl.

0,4 $\frac{4}{9}$ 0,38 $\frac{3}{9}$ $\frac{33}{99}$ 0,303 0,43 $\frac{1}{4}$ $\frac{2}{5}$ 0,42

4.3 Schriftliches Rechnen mit Dezimalbrüchen

Regel

Addition und Subtraktion

- Die Zahlen werden stellengerecht untereinandergeschrieben.
- Die nichtbesetzten Nachkommastellen werden mit Nullen aufgefüllt, sodass alle Zahlen gleich viele Nachkommastellen haben; bei natürlichen Zahlen wird, wenn nötig, auch das Komma eingefügt.
- Man berechnet, wie bei natürlichen Zahlen, von rechts nach links Stelle um Stelle.

Beispiel 5:

a) 102,3 + 3 + 12,09

	1	0	2,	3	0
+			3,	0	0
+		1	2,	0	9
	1	1	7,	3	9

b) 234,09 − 34,673

	2	3	4,	0	9	0
−		3	4,	6	7	3
	1	1	1		1	
	1	9	9,	4	1	7

c) 2323 + 12,23 − 345,6

	2	3	2	3,	0	0
+			1	2,	2	3
	2	3	3	5,	2	3
−		3	4	5,	6	0
	1	1	1	1		
	1	9	8	9,	6	3

9 Berechne im Heft (verwende notfalls einen Zwischenschritt).

a) 33 + 204,5 + 23,9 + 100 = ________ b) 234,56 − 55,43 = ________

c) 38,7 + 20 + 34,1 + 45,67 = ________ d) 34,1 − 17,89 + 34 − 23,1 = ________

e) 201,01 − 199,999 = ________ f) 23,097 − 1,7893 = ________

10 Julia kontrolliert ihre Kontoauszüge. Leider ist der aktuelle Kontostand durch einen Fleck unleserlich geworden:

	Kontostand alt: 37,56 €	
	Belastungen	Gutschriften
	28,98	
		30,00
	5,00	
	12,50	
	7,98	
	Kontostand neu:	

Wie viel Geld hat sie jetzt auf dem Konto? Rechne im Heft.

Regel

Multiplikation

- Lass zunächst das Komma außer acht und multipliziere die Dezimalzahlen so wie die natürlichen Zahlen. ①
- Zähle die Anzahl der Nachkommastellen beider Faktoren. ②
- Das Produkt hat so viele Nachkommastellen wie beide Faktoren zusammen. ③

Beispiel 6:

3,47 · 1,2

①:

3	4	7	·	1	2
		4	1	6	4

②: zwei Nachkommastellen bei 3,47; eine Nachkommastelle bei 1,2 → 3 Nachkommastellen

③: auch das Produkt hat 3 Nachkommastellen: 4164 ⇒ 4,164

11 Berechne schriftlich im Heft.

a) 2,3 · 1,2 b) 0,04 · 12 c) 23,4 · 0,23 d) 27 · 2,8
e) 0,27 · 0,28 f) 2,7 · 2,8 g) 334 · 0,234 h) $0{,}6^2$

Regel

Division

- Dividend und Divisor werden so lange mit 10 multipliziert, bis der Divisor ganzzahlig wird. (Man sagt auch: *der Dezimalbruch wird erweitert*, oder *das Komma wird verschoben*.) Dabei kann das Komma im Dividenden ebenfalls verschwinden.
- Die Division wird wie bei den natürlichen Zahlen durchgeführt.
- Im Ergebnis wird das Komma dann gesetzt, wenn die erste Dezimalstelle des Dividenden in die Division einbezogen wird.

Beispiel 7:

77,22 : 2,2 → mal zehn

7	7	2,	2	:	2	2	=	3	5,	1
6	6									
1	1	2								
1	1	0								
		2	2							
		2	2							
			0							

24 : 0,12 → mal hundert

2	4	0	0	:	1	2	=	2	0	0
2	4									
	0	0								
	0	0								
		0	0							
		0	0							
		0	0							

12 Berechne schriftlich im Heft.

a) 1,32 : 1,2 b) 0,457 : 0,5 c) 234 : 0,8 d) 0,546 : 3,5

4.4 Dezimalzahlen als Prozentzahlen

Regel

Prozent

- **pro** bedeutet *je* oder *für*, **zent** steht als Vorsilbe für *ein hundertstel*; Prozent bedeutet also *pro hundert* oder *auf 100 bezogen*.
  5 % bedeutet also **fünf hundertstel** $\Rightarrow \frac{5}{100} = 0{,}05$.
- **Merke:** $\frac{1}{100} = 0{,}01 = 1\,\%$
- **allgemein:** $\frac{a}{100} = a \cdot 0{,}01 = a\,\%$ und $a\,\%$ von b ist: $a \cdot 0{,}01 \cdot b$.

Beispiel 8:

a) 3 % = 0,03
b) 123 % = 1,23
c) 99 % = 0,99
d) 0,2 % = 0,002
e) 1 % von 27 = 0,01 · 27 = 0,27
f) 3 % von 50 = 0,03 · 50 = 1,5
g) 123 % von 46 = 1,23 · 46 = 56,58
h) 50 % von 42 = 0,5 · 42 = 21

13 Vervollständige die Tabellen. Lerne die Werte in den farbig hinterlegten Spalten auswendig.

Bruchzahl	$\frac{1}{4}$							$\frac{5}{6}$
Dezimalzahl		0,42		1,2		0,042		
Prozent-schreibweise			24 %		52 %		0,5 %	

Bruchzahl	$\frac{1}{10}$						$\frac{3}{2}$	
Dezimalzahl			0,01		0,75			
Prozent-schreibweise		17 %		100 %		110 %		50 %

Info plus

Sicher kennst du die **Verkehrsschilder**, auf denen die Steigung oder das Gefälle in Prozent angegeben sind? Diese Prozentangabe drückt das Verhältnis von Höhenunterschied und waagerechter Strecke aus; so bedeuten 6 % Steigung, dass auf einer horizontalen Strecke von 100 m ein Höhenunterschied von 6 m zurückgelegt wird.
100 % Steigung entspricht also einem Anstieg unter einem Winkel von 45°.

4.5 Dezimalzahlen runden – Überschlagsrechnung

Regel

Beim **Runden von Dezimalbrüchen** gelten dieselben Rundungsregeln wie für die natürliche Zahlen (→ Seite 12).

Beispiel 9: Runde die Zahl. Die Rundungsstelle ist rot markiert.

Zahl	4,345	4,987	13,5001	13,5501	0,003	8,774	8774,19
auf die Einerstelle (auf ganze Zahlen)	4	5	14	14	0	9	8774
auf eine Dezimale (= auf Zehntel)	4,3	5,0	13,5	13,6	0,0	8,8	8774,2
auf zwei Dezimalen (= auf Hundertstel)	4,35	4,99	13,50	13,55	0,00	8,77	*
auf drei Dezimalen (= auf Tausendstel)	*	*	13,500	13,550	*	*	*

* Die Zahl hat bereits die entsprechende Stellenzahl.

14 Runde die Zahl.

Zahl	13,5445	5,54549	55,5555	489,1	4994,494	0,060501
auf zwei Dezimalen						
auf eine Dezimale						
auf ganze Zahlen						

Regel

Bei der **Überschlagsrechnung** rundest du zunächst auf Zahlenwerte, mit denen man leicht im Kopf rechnen kann, und führst dann den Überschlag als Kopfrechnung aus. Dieses Vorgehen dient der Kontrolle beim Rechnen mit Dezimalzahlen.

15 Jens hat 10 € in der Tasche und folgende Waren im Einkaufskorb: 1 Dose Cola für 0,56 €; 1 Tüte Bonbons für 1,03 €, Käse für 1,73 €; Tomaten für 0,96 €. Er muss jetzt schnell überlegen ob er die Pralinen an der Kasse für 2,30 € noch mitnehmen kann. Überschlage.

34 Wie verändert sich der Zahlenwert einer Ziffer, wenn man sie im Zehnersystem um eine Stelle nach rechts verschiebt? ______________________

35 Was bedeuten die Vorsilben ***kilo***, ***mega*** und ***giga***? Kennst du Beispiele?

____

36 Was bedeutet die Vorsilbe ***milli***? Gib zwei Maßeinheiten mit der Vorsilbe an.

____

37 Wie wandelt man einen Dezimalbruch in einen Bruch um? ______________________

____

38 Wie wandelt man einen Bruch in eine Dezimalzahl um? ______________________

____

39 Wie addiert oder subtrahiert man Dezimalbrüche? ______________________

____

40 Wie werden zwei Dezimalzahlen dividiert? ______________________

____

41 Wie bestimmt man die Anzahl der Nachkommastellen bei einem Produkt zweier Dezimalzahlen? ______________________

____

42 Schreibe als Prozentzahl.

$\frac{1}{2}$ = ______ %; $\frac{1}{4}$ = ______ %; $\frac{1}{5}$ = ______ %; $\frac{1}{8}$ = ______ %; $\frac{1}{10}$ = ______ %

43 Schreibe als (gekürzen) Bruch.

40 % = ______; 33,$\overline{3}$ % = ______; 37,5 % = ______; 75 % = ______

44 Wie gehst du vor, um eine Zahl **auf zwei Dezimalen** zu runden?

____

____

____

1 Fülle die Tabelle vollständig aus. Gib die Ergebnisse als Dezimalzahlen an. Nimm dein Heft für die Nebenrechnungen. ___/5

a	1,2	100,4	0,64	$\frac{60}{2}$	$\frac{3}{4}$	24,06
b	0,8	10	0,4	$\frac{12}{3}$	$\frac{1}{8}$	$\frac{3}{2}$
a + b						
a – b						
a · b						
a : b						
a · (a – b)						

2 Runde. ___/7

Zahl	0,549	0,4999	12,9876	11,3456	23,893	23,999	0,456
auf zwei Dezimalen							
auf ganze Zahlen							

3 Ein Aufzug ist für 200 kg zugelassen. Wie viele erwachsene Personen kann man höchstens befördern? ______ ___/4

4 Herr Seeger möchte in den Urlaub fahren. Die Übernachtung kostet pro Nacht 57 €, das Frühstück 5,50 €, das Mittagessen ohne Getränk 12,35 € und das Abendessen (ebenfalls ohne Getränk) 7,80 €. Er geht von einem Getränkepreis von 3,80 € aus und trinkt mittags ein, abends zwei Getränke. Reichen die gesparten 450 € für 5 Tage Urlaub? Überschlage zuerst und rechne dann im Heft. ___/4

5 Berechne. Nutze dein Heft für Nebenrechnungen. ___/6

a) $4{,}5 \cdot (1{,}24 - 0{,}53) - 0{,}002 =$ ______

b) $1{,}2 : [30 \cdot (1 - 0{,}99)] =$ ______

c) $(12 + 3 \cdot 1{,}23 + 40 \cdot 0{,}03) \cdot (1 - 0{,}1 - 0{,}001) =$ ______

Gesamtpunktzahl ___/26

5 Ganze Zahlen

Der schwedische Astronom Anders Celsius führte im 18. Jahrhundert die bei uns gebräuchliche Temperaturskala ein. Er teilte die Temperaturdifferenz zwischen dem Schmelzpunkt des Wassers (Eis wird zu Wasser, 0 °C) und dem Siedepunkt des Wassers (Wasser verdampft, 100 °C) in 100 gleiche Teile ein. Natürlich wusste er (und wissen wir), dass es kältere Temperaturen als 0 °C gibt. Es muss also auch kleinere Zahlen als 0 geben.

5.1 Die negativen Zahlen

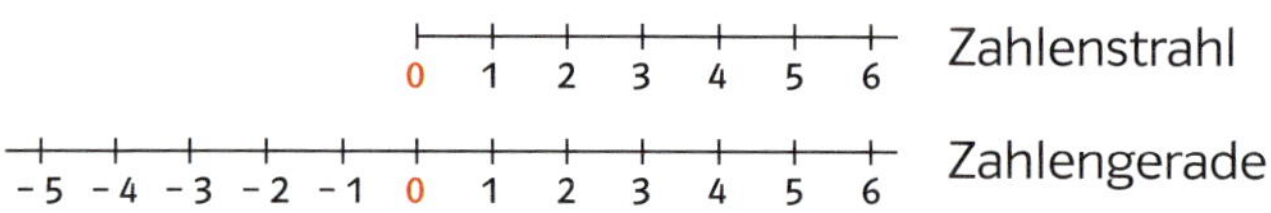

Verlängert man den Zahlenstrahl nach links, erscheinen negativen Zahlen, die mit einem „-" als Vorzeichen geschrieben werden. Die natürlichen Zahlen und die negativen Zahlen ergeben die **ganzen Zahlen**.

Regel

Das Zeichen „-" wird sowohl als **Rechenzeichen (minus)** als auch als **Vorzeichen für negative Zahlen** verwendet. Vor einer Zahl, einem Term (Rechenausdruck) oder einem Platzhalter darf **nur ein einziges Operationszeichen** vorkommen. Deshalb werden die negativen Zahlen und Terme (sofern sie nicht am Anfang eines Termes stehen) bei Berechnungen in **Klammern** gesetzt.

Beispiel 1:

Beispiel in Worten	**richtig**	**falsch**
fünf plus die Zahl minus drei	$5 + (-3)$	$5 + -3$
minus sieben minus die Zahl minus vier	$-7 - (-4)$	$-7 - -4$
zwölf mal die Zahl minus dreizehn	$12 \cdot (-13)$	$12 \cdot -13$
zwanzig geteilt durch die Zahl minus zehn	$20 : (-10)$	$20 : -10$

1 Setze Klammern, wenn nötig.

a) $3 + - 7 + - 2$

b) $- 7 + - 4 + - 5$

c) $- 3 - - 4 + - 2$

d) $- 4 + - 2 + - 7$

e) $- 5 + - 7 + 7 \cdot - 3$

f) $6 \cdot - 5 + - 7 \cdot - 3$

g) $100 : - 5 + - 10$

h) $100 : - 5 + - 10 : - 2$

5.2 Die Addition ganzer Zahlen

Regel

Addiert man eine positive Zahl, so geht man von der Ausgangszahl auf der Zahlengeraden den Zahlenwert nach rechts.
Addiert man eine negative Zahl, so geht man von der Ausgangszahl auf der Zahlengeraden den Zahlenwert nach links.

2 Berechne, indem du dich an der Zahlengeraden orientierst.

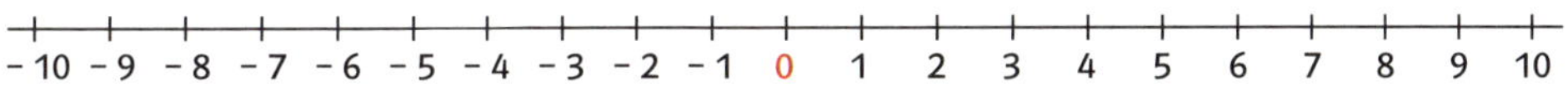

a) $4 + 3 =$ ______

b) $4 + (-3) =$ ______

c) $-5 + (-3) + (-4) + 10 =$ ______

d) $-2 + (-6) + (-7) + (-1) =$ ______

Regel

Klammern auflösen

- Steht vor einer Klammer kein Rechenzeichen, lässt man die Klammer einfach weg:
  $(+a) = +a$ und $(-a) = -a$; z.B. $(+9) = +9$ oder $(-9) = -9$
- Steht vor einer Klammer ein Vor- bzw. Rechenzeichen, gilt:
  Bei **gleichen Vor- bzw. Rechenzeichen** erhält man Plus:
  $+(+a) = +a$; $-(-a) = +a$; z.B. $4 + (+7) = 4 + 7$ oder $4 - (-7) = 4 + 7$
  Bei **verschiedenen Vor- bzw. Rechenzeichen** erhält man Minus:
  $-(+a) = -a$; $+(-a) = -a$; z.B. $3 - (+8) = 3 - 8$ oder $3 + (-8) = 3 - 8$

3 Löse die Klammern auf und berechne.

a) $-17 + 27 + (-33) + 76 + (-81) =$ ______

b) $-24 + (-34) + (-44) + 100 =$ ______

c) $435 + (-123) + 431 + (-555) =$ ______

d) $-398 + 289 + (-375) + (-8339) =$ ______

Info plus

Carl Friedrich Gauss, der große Mathematiker, war bei den Mathematikaufgaben immer so schnell fertig, dass ihm sein Lehrer oft Zusatzaufgaben stellen musste, um ein wenig Ruhe vor ihm zu haben.
In der Hoffnung, den jungen Schüler eine Weile zu beschäftigen stellte er ihm die Aufgabe: „Addiere alle natürlichen Zahlen von 1 bis 100."
Aber schon eine Minute später war der Schüler Gauss fertig!
Er rechnete folgendermaßen:

$(1 + 100) + (2 + 99) + (3 + 98) + (4 + 97) + \ldots + (50 + 51)$ ergibt $50 \cdot 101 = 5050$

4 Bewege die auf den Spuren von Gauss und addiere alle Zahlen von −100 bis 100.

Regel

Die Gegenzahl

- Die **Gegenzahl** einer Zahl erhält man, indem man sie auf der Zahlengeraden an der Zahl 0 spiegelt.
  Bezeichnung: $-a$ ist die Gegenzahl von a.
  So ist z. B. −14 die Gegenzahl von 14.

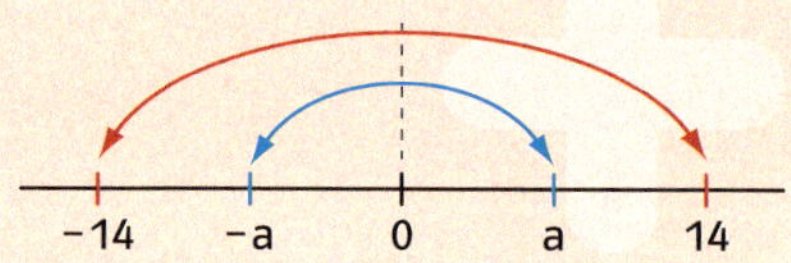

- Zahl + Gegenzahl ergeben als Summe immer Null.
- Die Gegenzahl der Gegenzahl ist die Zahl selbst, weil sie zweimal gespiegelt wird, somit gilt : $-(-z) = z$.

5 Fülle die Tabelle aus.

Zahl	−1	1	333	−45	656	0	−17	−(−4)	23	−17
Gegenzahl										
Gegenzahl der Gegenzahl										

6 Berechne.

a) $17 + (-17) =$ ________

b) $-17 + 17 =$ ________

c) $-35 + [-(-35)] =$ ________

5.3 Die Subtraktion ganzer Zahlen

Regel

Subtrahiert man eine positive Zahl, so geht man vom Wert des Minuenden (Ausgangszahl) auf der Zahlengeraden um den Wert des Subtrahenden nach links.
Subtrahiert man eine negative Zahl, so geht man von der Ausgangszahl auf der Zahlengeraden nach rechts.

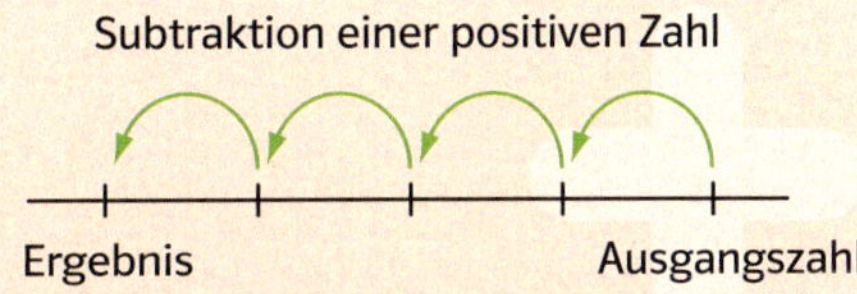

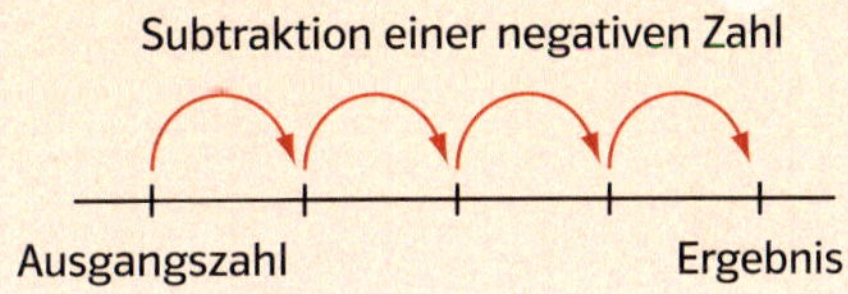

7 Berechne. Du hast mehrere Möglichkeiten: Orientiere dich am Zahlenstrahl, rechne mit der Gegenzahl oder löse die Klammern auf.

a) $4 - 3 =$ ______

b) $4 - (-3) =$ ______

c) $-5 - (-3) - (-4) - 10 =$ ______

d) $-17 - 46 - (-51) - (-139) =$ ______

e) $-354 - (-432) - 45 =$ ______

f) $954 - (-345) - 17 - (-456) =$ ______

g) $-34 - (-34) -34 - (-34) =$ ______

Info plus

Mathematiker stellen gerne auch mal absurde Aufgaben:
-3 ist eine Zahl mit der man rechnen kann und darf. 3 € und -3 € sind Größen, man kann das erstere als Guthaben, das zweite als Schulden deuten.

„Angenommen ich habe -3 € in meiner Geldbörse,
dann muss ich ja 3 € in die Börse geben, damit sie leer ist."

Wo steckt der Fehler bei dieser Aufgabenstellung?

8 Berechne im Heft.

a) $-6 + (-15) - 18 - (-21) =$ ______

b) $349 - (-231) + 195 - 236 =$ ______

c) $34 + (-34) =$ ______

d) $876 - (-567) + (-345) - 345 =$ ______

e) $-396 + 342 + (-844) - 561 =$ ______

f) $23 + 0 - (-0) =$ ______

5.4 Die Multiplikation ganzer Zahlen

Regel

Man multipliziert **zwei ganze Zahlen** in zwei Schritten:
1. Man multipliziert die beiden Zahlen und lässt das Vorzeichen unbeachtet.
2. Man bestimmt das Vorzeichen des berechneten Produkts:
   - Haben beide Faktoren das **gleiche Vorzeichen**, so ist das Produkt **positiv**.
   - Haben beiden Faktoren **unterschiedliche Vorzeichen**, so ist das Produkt **negativ**.

Beispiel 2:

1. Zahl	2. Zahl	Produkt	1. Schritt (ohne Vorzeichen)	Vorzeichen	Ergebnis
6	7	$6 \cdot 7$	$6 \cdot 7 = 42$	+ (gleiche Vorzeichen)	42
6	−7	$6 \cdot (-7)$	$6 \cdot 7 = 42$	− (ungleiche Vorzeichen)	−42
−6	7	$(-6) \cdot 7$	$6 \cdot 7 = 42$	− (ungleiche Vorzeichen)	−42
−6	−7	$(-6) \cdot (-7)$	$6 \cdot 7 = 42$	+ (gleiche Vorzeichen)	42

9 Berechne. Achte auf die Vorzeichen.

a) $31 \cdot 17 =$ ______ b) $28 \cdot (-23) =$ ______

c) $-23 \cdot 45 =$ ______ d) $-34 \cdot (-51) =$ ______

e) $(-24) \cdot (-16) =$ ______ f) $(-23) \cdot (-9) =$ ______

g) $23 \cdot (-34) =$ ______ h) $-6 \cdot (-66) =$ ______

i) $-56 \cdot 0 =$ ______ j) $0 \cdot 17 =$ ______

Regel

Werden **mehrere ganze Zahlen** miteinander multipliziert, so gilt:
- Ist die Anzahl der negativen Faktoren **ungerade**, so ist das Produkt **negativ**.
- Ist die Anzahl der negativen Faktoren **gerade**, so ist das Produkt **positiv**.
- Ist einer der Faktoren **Null**, so ist das Produkt ebenfalls **Null**.

Beispiel 3:

$(-8) \cdot 2 \cdot (-5) \cdot 3 \cdot 2 = 480$ (positives Produkt, da zwei negative Faktoren)

$(-8) \cdot 2 \cdot (-5) \cdot 3 \cdot (-2) = -480$ (negatives Produkt, da drei negative Faktoren)

$8 \cdot 2 \cdot (-5) \cdot 3 \cdot 2 = 480$ (positives Produkt, da ein negativer Faktor)

$(-8) \cdot 2 \cdot (-5) \cdot 0 \cdot 2 = 0$ (null, da einer der Faktoren null ist)

$(-8) \cdot (-2) \cdot (-5) \cdot (-3) \cdot (-2) = -480$ (negatives Produkt, da fünf negative Faktoren)

10 Berechne.

a) $7 \cdot (-5) \cdot 2 \cdot (-4) =$ ______

b) $-4 \cdot (-3) \cdot 0 \cdot 5 \cdot (-2) =$ ______

c) $(-3) \cdot (-4) \cdot (-5) \cdot (-6) =$ ______

d) $-5 \cdot (-5) \cdot 5 =$ ______

c) $12 \cdot 3 \cdot (-0) \cdot 13 =$ ______

f) $2 \cdot 2 \cdot (-2) \cdot (-2) \cdot (-2) =$ ______

5.5 Die Division ganzer Zahlen

Regel

Für die **Division** gelten dieselben Regeln wie für die Multiplikation.
Zusätzlich gilt: **Die Division durch null ist nicht zulässig!**
Am einfachsten dividiert man zwei ganze Zahlen in zwei Schritten:

1. Man dividiert die beiden Zahlen, als ob sie kein Vorzeichen hätten.
2. Man bestimmt das Vorzeichen des berechneten Quotienten:
   - Haben Dividend und Divisor das **gleiche Vorzeichen**, so ist der Quotient **positiv**.
   - Haben Dividend und Divisor **unterschiedliche Vorzeichen**, so ist der Quotient **negativ**.

Beispiel 4:

Divi-dend	Divisor	Quotient	1. Schritt (ohne Vorzeichen)	Vorzeichen	Ergebnis
42	7	42 : 7	42 : 7 = 6	+ (gleiche Vorzeichen)	6
42	-7	42 : (-7)	42 : 7 = 6	- (ungleiche Vorzeichen)	-6
-42	7	(-42) : 7	42 : 7 = 6	- (ungleiche Vorzeichen)	-6
-42	-7	(-42) : (-7)	42 : 7 = 6	+ (gleiche Vorzeichen)	6

11 Berechne. Nimm dein Heft für eventuell nötige Nebenrechnungen.

a) $(-8) : (-2) =$ ______

b) $(-18) : 3 =$ ______

c) $64 : (-8) =$ ______

d) $(-75) : (-5) =$ ______

e) $-595 : (-17) =$ ______

f) $12 : 0 =$ ______

g) $0 : (-12) =$ ______

h) $-1431 : 53 =$ ______

5.6 Mehrgliedrige Rechenterme

Regel

Die Reihenfolge bei mehrgliedrigen Termen

Auch bei den ganzen Zahlen gelten die Rechenregeln der natürlichen Zahlen:

- **„Klammer zuerst"**: Die Aufgabe in der Klammer wird zuerst berechnet.
- **„Punkt vor Strich"**: Punktrechnungen (Multiplikation und Division) werden vor den Strichrechnungen (Addition und Subtraktion) ausgeführt.
- **„von links nach rechts"**: Die Reihenfolge der Berechnung erfolgt von links nach rechts.

Beispiel 5: Auch Terme (Rechenausdrücke), die zunächst sehr schwierig aussehen, lassen sich leicht berechnen, wenn man die vorgeschriebenen Regeln einhält.

$4 - \big((-2 \cdot (-5 + 3) + 7) + 3 \cdot 6 - 7 \cdot 3\big) + 1$	innerste Klammer suchen und
$4 - \big((-2 \cdot (-2) + 7) + 3 \cdot 6 - 7 \cdot 3\big) + 1$	berechnen, wieder innerste Klammer
$4 - (4 + 7 + 3 \cdot 6 - 7 \cdot 3) + 1$	darin Punkt- vor Strichrechnung,
$4 - (4 + 7 + 18 - 21) + 1$	in Klammer Punkt- vor Strichrechnung,
$4 - 8 + 1 = -3$	von links nach rechts

Regel

Wird zwischen einer Zahl oder einem Term und einer Klammer **kein Rechenzeichen** geschrieben, so heißt dies, dass **multipliziert** werden muss:
$5(3 + 4) = 5 \cdot (3 + 4)$ und $(-4 + 5)(2 - 5) = (-4 + 5) \cdot (2 - 5)$

12 Berechne nach den Rechenregeln.

a) $5 \cdot (-8 - (-4)) =$ ______________________

b) $(-5) \cdot 5 \cdot (12 : (-4) + 4) =$ ______________________

c) $\big(3 - 5(-4 + 7(-5 - (-4)) + 2)\big) \cdot (-1) =$ ______________________

____

____

d) $\big((-3) \cdot (-4) \cdot 5(-8 + (-3))\big) - (-5) =$ ______________________

e) $4(-200 : (-25) + 3)(8 : 2 - 4) =$ ______________________

f) $400 : (-20 : (-10)) =$ ______________________

5.7 Größen mit ganzen Zahlen

Regel

- Eine Größe besteht aus einer **Maßzahl** (hier: eine ganze Zahl) und einer **Maßeinheit**.
- Größen können nur dann addiert und subtrahiert werden, wenn sie **die gleiche Maßeinheit** haben oder in die gleiche Maßeinheit umgerechnet werden können.
- Man kann man Größen mit ganzen Zahlen multiplizieren und durch ganze Zahlen dividieren, dabei ändert sich nur die Maßzahl, nicht die Maßeinheit.

Beispiel 6: Bei einigen der folgenden Größen musst du auch mit negativen Maßzahlen rechnen. Bei Geldeinheiten z.B. erhältst du negative Maßzahlen, wenn es sich um Schulden handelt, und natürlich kennst du auch negative Temperaturen. Wenn man die Höhe über Normalnull (über dem Meeresspiegel) betrachtet, können sogar negative Längeneinheiten vorkommt.

	Geld	**Zeit**	**Länge**
Einheiten	€ (Euro) $ (Dollar)	s (Sekunde) min (Minute) h (Stunde); d (Tag)	mm (Millimeter) m (Meter) km (Kilometer)
Beispiele	30 € − 27 € = 3 €	3 · (2 h 20 min) = 7 h	100 m : 25 = 4 m

	Fläche	**Temperatur**	**Gewicht**
Einheiten	mm^2 (Quadratmillimeter) m^2 (Quadratmeter) h (Hektar)	°C (Grad Celcius)	g (Gramm) kg (Kilogramm) t (Tonne)
Beispiele	3 h − 5 h + 8 h = 6 h	3 · (−4 °C) = −12 °C	2 t − 500 kg ≙ 2000 kg − 500 kg = 1500 kg

13 Berechne, falls möglich.

a) 4 h − 3 · 20 min + 20 min : 4 = ______

b) 8 · 4 km − 6 · 2 km = ______

c) 3 t − 5 · 400 kg = ______

d) 4 · 100 € − 3 · 200 € + 7 · 50 € = ______

e) 4 °C + 12 °C = ______

f) 54 kg + 200 m = ______

5.8 Textaufgaben

14 Drei Tage hintereinander fiel das Thermometer jeweils um 3 °C. Heute stieg es um 10 °C auf 26 °C. Wie hoch war die Temperatur vor drei Tagen?

15 Maria fährt zum Training mit ihrem Mountainbike von Pfullingen, das 450 Meter über dem Meeresboden liegt, auf die Schwäbische Alb nach Engstingen, das 708 Meter hoch liegt. Wie oft muss sie mindestens hochfahren, damit sie mindestens 1000 Höhenmeter zurückgelegt hat?

16 Yannik hat 360 € auf seinem Konto. Er nimmt durch Nachhilfeunterricht monatlich 54 € ein, verbraucht aber pro Monat 90 €.
Nach welcher Zeit hat er sein Guthaben auf der Bank aufgebraucht?

17 Franz notiert sich nicht die Noten bei den Klassenarbeiten, sondern nur den Unterschied zur Klassenarbeit davor. Bei der ersten Arbeit schrieb er die Note 3. Dann wurde er 2 Noten schlechter, bei der dritten Arbeit steigerte er sich gleich um 3 Noten und blieb bei der vierten Arbeit gleich. Berechne seinen Notendurchschnitt.

Info plus Finde den Fehler:
Drei Freunde haben eine gemeinsame Rechnung von 25 €, jeder gibt dem Wirt einen 10-€-Schein. Dieser legt fünf 1-€-Münzen auf den Tisch, jeder der drei nimmt einen weg, zwei Euromünzen bleiben auf dem Tisch liegen.
Nun hat ja jeder 10 € - 1 € = 9 € bezahlt, zusammen also 3 · 9 € = 27 €.
Zwei Euro liegen auf dem Tisch, das macht 27 € + 2 € = 29 €.
Wo ist der dreißigste Euro geblieben?

45 In welche Richtung geht man auf dem Zahlenstrahl, wenn man von einer positiven Zahl eine negative Zahl subtrahiert, ? ____________________

46 Man multipliziert drei ganze Zahlen miteinander und erhält als Ergebnis eine negative Zahl. Wie viele der drei Faktoren des Produkts waren negative Zahlen? ____________________

47 Gibt es eine Zahl, die weder negativ noch positiv ist? ____________________

48 Unter welchen Umständen wird der Quotient zweier ganzer Zahlen negativ?

____

49 Was kann man über die Faktoren eines Produktes sagen, wenn das Produkt null ist? ____________________

50 In welcher Reihenfolge werden mehrgliedrige Rechenausdrücke berechnet?

____

____

____

51 Eine Zahl a ist um 4 größer als die Zahl b. Welche Aussagen kannst du über die Gegenzahlen von a und b machen?

____

52 Welcher Teil der ganzen Zahlen sind die natürlichen Zahlen?

____

53 Gib zwei Beispiele an, bei denen Größen negative Maßzahlen haben können.

____

54 Beschrifte die Gerade so, dass sie zur Zahlengeraden wird. Trage durch Pfeile folgende Rechnung ein $-7-(-5)+5-3-(-7)+1-9$.

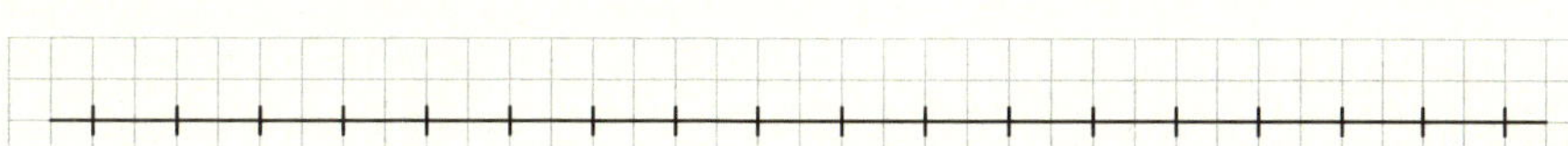

55 Durch welche Zahl darf nicht dividiert werden? ____________________

___/4 **1** Setze die Klammern so, dass das Ergebnis stimmt.

a) 3 · 7 − 5 = 6 b) 3 − 7 − 5 = − 9 c) −7 − 3 − 5 = −9
d) − 4 · 10 − 5 = − 20 e) 3 − 4 − 5 − 6 = − 2 f) 3 − 4 − 5 − 6 = 10
g) 3 − 4 − 5 − 6 = 0 h) 3 − 4 · 5 − 6 = 7

___/5 **2** Gib die auf dem Zahlenstrahl markierten Zahlen an und notiere ihre Gegenzahlen.

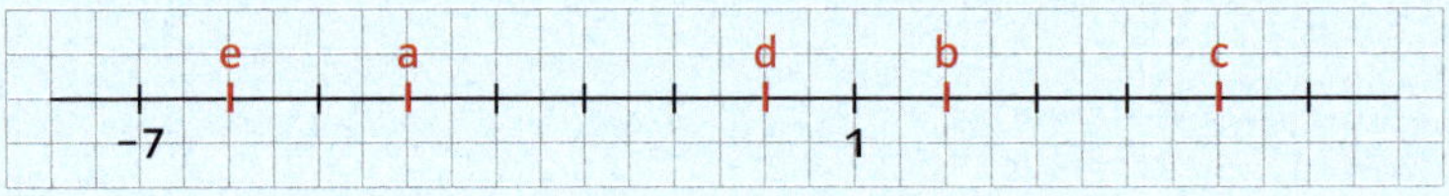

e = ____, Gegenzahl: ____; **a** = ____, Gegenzahl: ____; **d** = ____, Gegenzahl: ____;

b = ____, Gegenzahl: ____; **c** = ____, Gegenzahl: ____

___/6 **3** Setze zusätzliche Klammern so, dass das Ergebnis möglichst groß wird und gib das Ergebnis an.

a) 5 + 7 · 3 − 5 + 2 = ____________

b) 4 + 5 − (− 7) + 7 · (3 − 5 + 8) = ____________

c) 3 · 5 − 5 + 7 = ____________

d) 4 − 5 − 6 − 7 − 8 = ____________

e) 100 : 4 · 8 : 2 = ____________

f) 200 : 40 : 20 : 5 = ____________

___/5 **4** Berechne im Kopf.

a) 4 − (−7) · 2 = ________ b) 28 : 7 − (−5) · 2 = ________

c) −12 + (−4 + 3 · (−2)) = ________ d) 24 : 6 − (−48 : (−6) + 3) = ________

e) 3 · (−2) · 4 − (−4 − 5) = ________

___/4 **5** Gib die Zahl an, die

a) −14 ergibt, wenn man von ihr −7 subtrahiert.

____

b) −100 ergibt, wenn man sie mit −5 multipliziert.

____

c) 100 ergibt, wenn man sie zuerst durch 2 teilt und vom Ergebnis −40 subtrahiert. ____________

d) 36 ergibt, wenn man sie verdoppelt, zum Ergebnis 12 addiert und dieses Ergebnis halbiert. ____________

6 Wir spiegeln die Zahlen der Zahlengeraden einmal nicht an der 0, sondern an der Zahl 3 und an der Zahl −2. Fülle die Tabelle aus. Mache eine Skizze. ___/4

ursprüngliche Zahl	−5	15	0	1					
an der 3 gespiegelt					−1	4	0		
an der −2 gespiegelt								−4	20

7 Berechne nach den geltenden Regeln. ___/4

a) $-3\cdot5-4(3+17)-4(-5)=$ ____________

b) $3\big(+4\big(((5-6)-7)+3(4-5)\big)+2\big)=$ ____________

$=$ ____________

c) $38-\big(4(5-(-8))-4(-20:5)\big)=$ ____________

$=$ ____________

d) $(-3+(-4):2)\cdot(-7)\big(3-8(4-5)\big)=$ ____________

$=$ ____________

8 Beim Fußball erhält man drei Punkte für einen Sieg und einen Punkt für ein Unentschieden. Vor den letzten drei Spielen in der Runde gewann Fußdorf 11-mal und spielte 4-mal unentschieden. Da ein nicht ordentlich gemeldeter Spieler mitspielte, werden dem Verein 12 Punkte abgezogen. ___/4

Mit 30 oder mehr Punkten steigt man in der Regel nicht mehr ab.
Ist Fußdorf abstiegsbedroht? Können sie aus eigener Kraft durch Punkte aus den letzten drei Spielen den Abstieg noch verhindern?

____

Gesamtpunktzahl ___/36

6 Grundbegriffe der Geometrie

Hier beschäftigen wir uns mit der Lage von Punkten in der Ebene. Linien (Geraden) setzen sich mathematisch gesehen aus vielen Punkte zusammen, daher gehört auch die Betrachtung von Geraden zu diesem Thema. Winkel und die Beziehungen von Punkten und Geraden zueinander ergeben sich daraus.

6.1 Das Koordinatensystem

Regel

Punkte in der Ebene werden mithilfe von **Koordinatensystemen (Achsenkreuzen)** dargestellt.

Ein rechtwinkliges **Koordinatensystem** hat vier **Quadranten**.

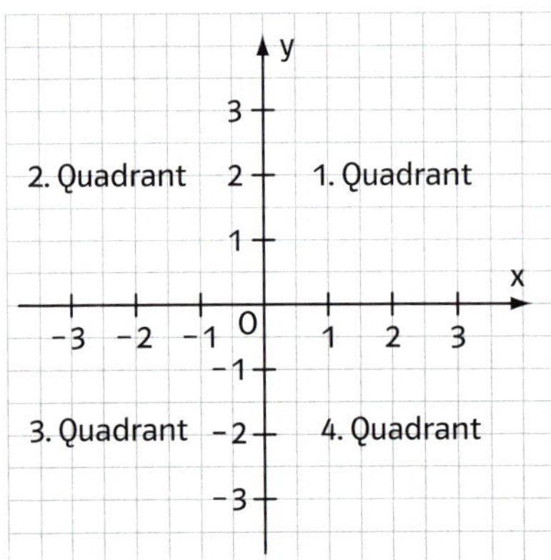

In vielen Fällen genügt es, nur den ersten Quadranten zu zeichnen.

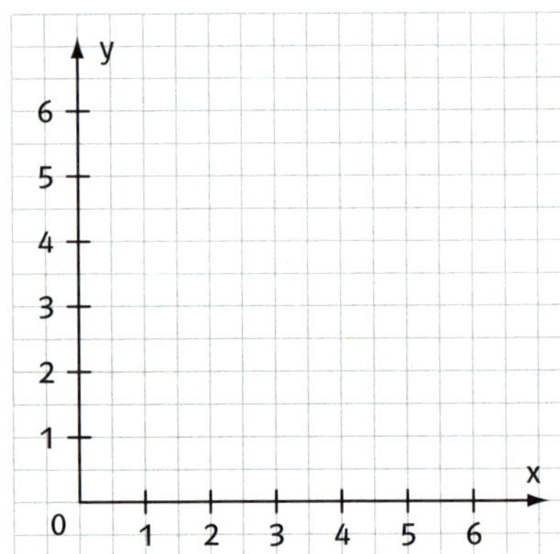

6.2 Ein Punkt in der Ebene

Regel

- Ein Punkt in der Ebene wird durch ein **geordnetes Zahlenpaar (x | y)** (Zahlenduppel) beschrieben. Man spricht von „geordnet", weil die **Reihenfolge** der Zahlen wichtig ist, vergleiche z. B. die Punkte (3 | 5) und (5 | 3).
- Die erste Zahl gibt die **Abszisse** (Rechtswert, x-Wert) an, die zweite Zahl die **Ordinate** (Hochwert, y-Wert) an.
- Schreibweise: **A (x | y)**; A ist der Punkt mit der Abszisse x und der Ordinate y.

Beispiel 1:

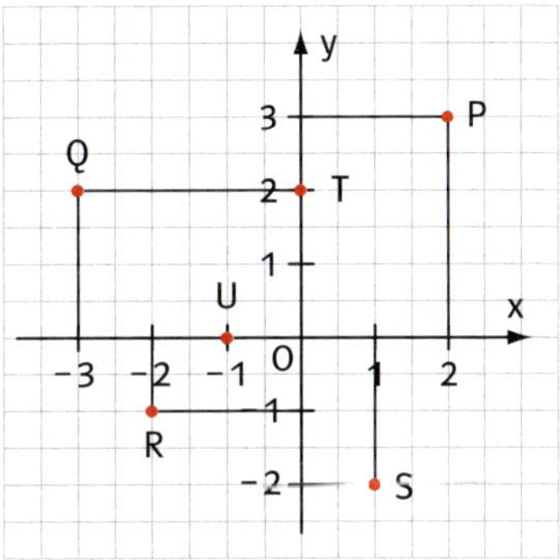

P(2 | 3) hat die Abszisse 2 und die Ordinate 3.
Q(−3 | 2) liegt im 2. Quadranten, die Abszisse ist negativ (−3), die Ordinate positiv (2).
R(−2 | −1) liegt im 3. Quadranten, die Abszisse (−2) und die Ordinate (−1) sind negativ.
S(1 | −2) liegt im 4. Quadranten. Die Abszisse ist positiv (1), die Ordinate negativ (−2). **T(0 | 2)** liegt auf der y-Achse; **U(−1 | 0)** auf der x-Achse.

Übersicht über die Quadranten:

x-Wert (Abszisse)	positiv	negativ	negativ	positiv
y-Wert (Ordinate)	positiv	positiv	negativ	negativ
Punkt im Quadranten	1	2	3	4

1 Gib an, in welchem Quadranten die Punkte liegen.

Punkte der Ebene	**(3 | 4)**	**(−4 | 5)**	**(5 | −4)**	**(−20 | −20)**	**(12 | 0)**	**(0 | 0)**	**(0 | −13)**
Quadrant							

2 a) Gib die Koordinaten der Punkte A, B, C, D, E, F an.

A(____ | ____);

B(____ | ____);

C(____ | ____);

D(____ | ____);

E(____ | ____);

F(____ | ____)

b) Zeichne die Punkte G(2 | 3); H(−2 | −1); I(0 | −2); K(1 | −2); L(3 | −1); M(−1 | 2); N(3 | 0) in das Koordinatensystem ein.

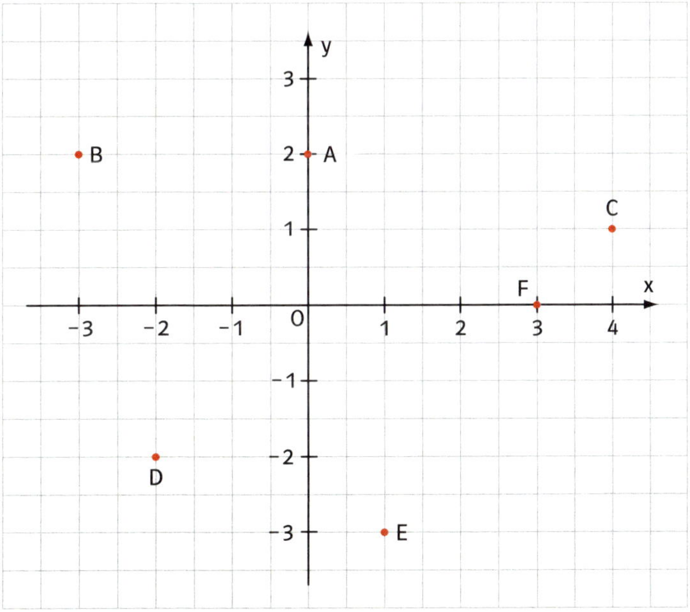

6.3 Strecke, Halbgerade (Strahl) und Gerade

Regel

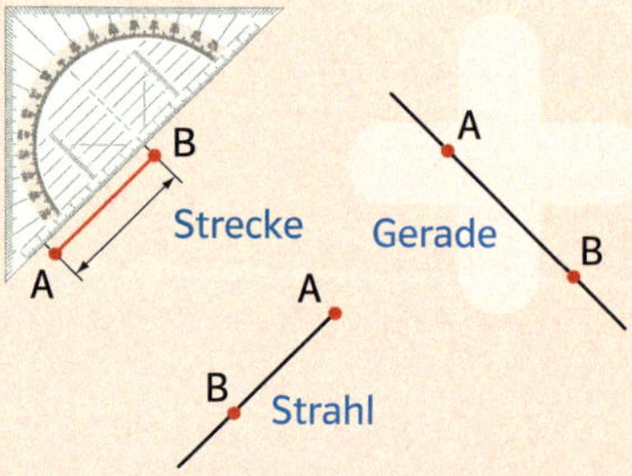

- Die kürzeste Verbindung zwischen den beiden Punkten A und B heißt „**Strecke** AB" ([AB] oder AB).
  Die **Länge dieser Strecke** wird mit $\overline{AB}$ bezeichnet, sie gibt an, wie oft die Maßeinheit in der Strecke enthalten ist.
- Verlängert man eine Strecke von einem Endpunkt unbegrenzt über den anderen Endpunkt hinaus, erhält man einen **Strahl** (Halbgerade).
- Verlängert man eine Strecke über *beide* Endpunkt unbegrenzt, erhält man eine **Gerade** g (A, B). Um die unbegrenzte Verlängerung deutlich zu machen zeichnet man Strahl und Gerade über einem Punkt hinaus (siehe Grafik).

3 Wie lang sind die Strecken aus Aufgabe 2?

Strecke	[AB]	[AC]	[AD]	[CD],	[BC]	[BA]	[ED]
Streckenlänge (in cm)							

4 a) Zeichne eine Gerade durch die Punkte A und B.

b) Zeichne einen Strahl von A aus durch C.

c) Gib den Anfangspunkt und zwei weitere Punkte auf dem Strahl s (Halbgerade s) an.

Anfangspunkt (____ | ____);

Punkt 1 (____ | ____)

Punkt 2 (____ | ____)

d) Welche Ordinate hat der Punkt G mit der Abszisse 2 auf der Geraden durch C und D? Zeichne diesen Punkt ein.

Ordinate: ________

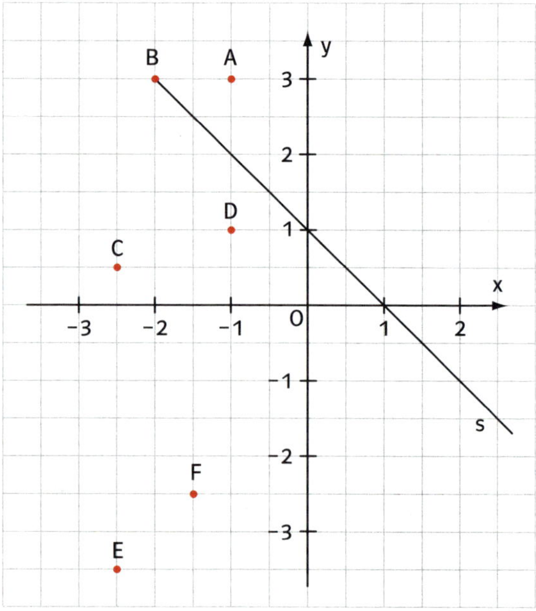

e) Zeichne eine Gerade durch A ein, die parallel zur x-Achse verläuft.

f) In welchem Punkt schneidet die Gerade g(EF) die Halbgerade s?

Schnittpunkt (____ | ____)

g) Wie lang sind die Strecken [DA], [CE] und [OF]?

$\overline{DA}$ = __________; $\overline{CE}$ = __________; $\overline{OF}$ = __________

h) Gib die Koordinaten an: A(____ | ____); F(____ | ____)

Info plus

Die „alten Griechen" verwendeten bei ihren Tempelbauten für die Außenmaße (Länge, Breite, Höhe) den sogenannten **„Goldenen Schnitt"**. Eine Strecke ist im goldenen Schnitt geteilt, wenn das Ganze sich zum größeren Teil genauso verhält wie der größere Teil zum kleineren. Für die Wahrnehmung ist diese Art der Teilung offensichtlich sehr angenehm.

6.4 Winkel

Regel

Zwei Strahlen g und h gehen von demselben Punkt S aus. Dreht man g mathematisch positiv (entgegen dem Uhrzeigersinn) auf h, heißt der überstrichene Bereich **Winkel** (g, h). Die Größe des Winkels (genauer: Winkelweite) wird in Grad (Zeichen °) gemessen.
Dabei entsprechen 360° dem ganze Kreis, 180° dem Halbkreis, 90° dem Viertelkreis (rechter Winkel) und 1° dem 360. Teil eines Vollkreises.

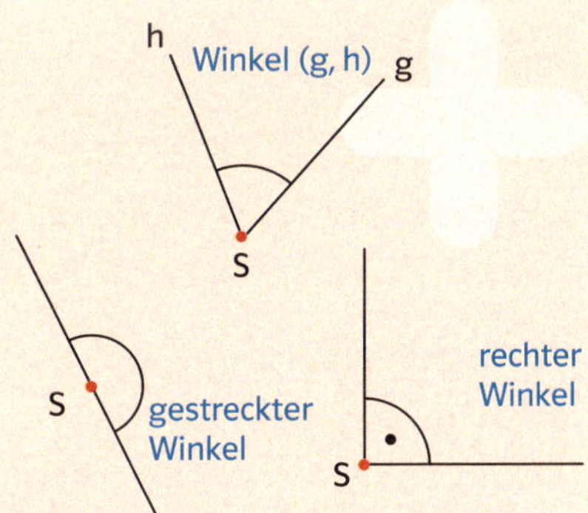

Winkelweiten (Winkelgrößen) werden mit griechischen Buchstaben bezeichnet.

α	β	γ	δ	ε	λ	μ	σ	φ
Alpha	Beta	Gamma	Delta	Epsilon	Lambda	My	Sigma	Phi

Je nach der Winkelweite unterscheidet man verschiedene **Winkelarten**:

Nullwinkel, Vollwinkel	**spitzer Winkel**	**rechter Winkel**	**stumpfer Winkel**	**gestreckter Winkel**	**überstumpfer Winkel**
$\alpha = 0°$, $\alpha = 360°$	$0° < \alpha < 90°$	$\alpha = 90°$	$90° < \alpha < 180°$	$\alpha = 180°$	$180° < \alpha < 360°$
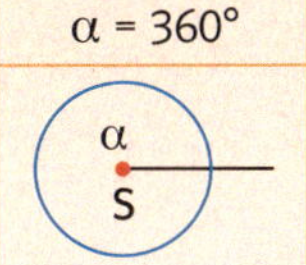	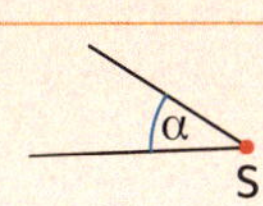	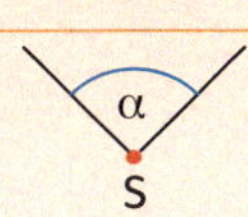	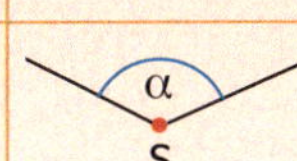	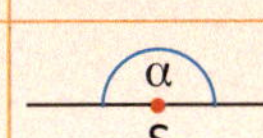	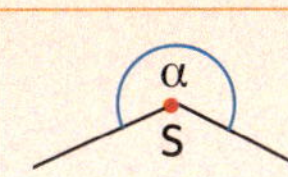

5 Gib an, um welche Winkelart es sich handelt.

a) überstumpfer Winkel

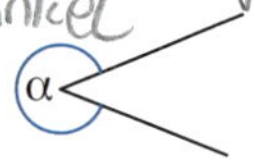

b) gestreckter Winkel

c) stumpfer Winkel

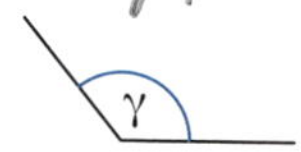

d) spitzer Winkel

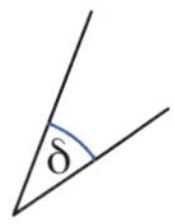

e) ~~spit~~ rechter Winkel

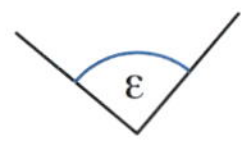

f) spitzer Winkel

6 Zeichne einen Winkel der angegebenen Winkelart ein.

rechter Winkel	spitzer Winkel	stumpfer Winkel	Vollwinkel	überstumpfer Winkel	gestreckter Winkel
	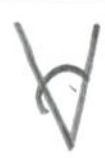				

Regel

Winkel misst man mit dem **Geodreieck**. Man legt den Nullpunkt des Geodreiecks am Schnittpunkt S der Halbgeraden g und h so an, dass die Kante mit der Skala auf g liegt. Auf der Winkelskala kann man die Winkelweite ablesen.

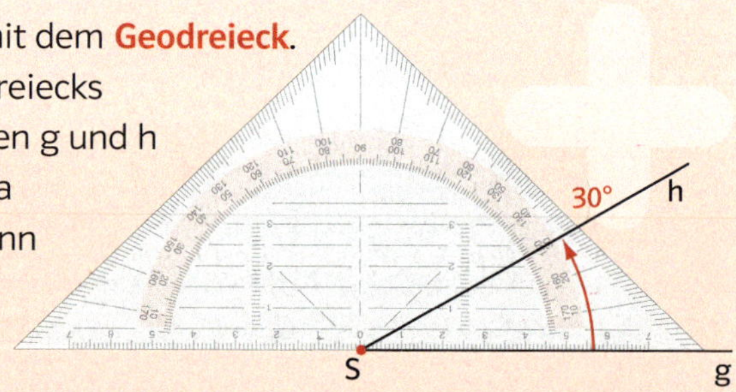

Winkel werden im **Gegenuhrzeigersinn** gemessen.

Sind aufgrund der kurzen Schenkel eines Winkels Messungen mit dem Geodreieck schlecht möglich, wird der Schenkel verlängert.

Ist ein Winkel **größer als 180°**, so misst man den zum Vollkreis fehlenden Winkel (Ergänzungswinkel) und zieht dessen Größe von 360° ab (in der Grafik blau). Alternativ misst man den Winkel ab 180° und addiert dann den gemessenen Winkel zu den 180° (in der Grafik grün).

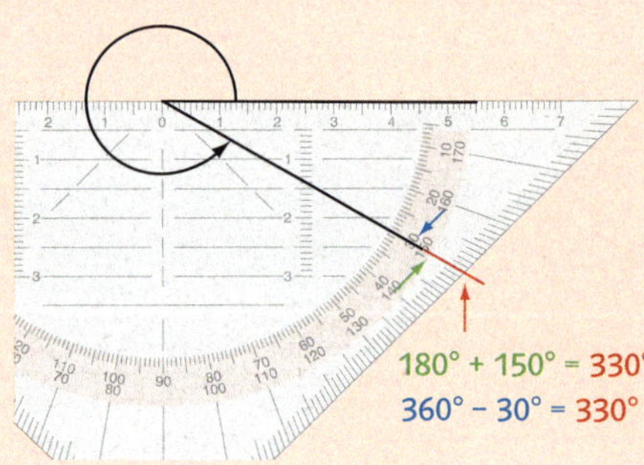

7 Gib die Winkelweiten an.

w(g, h) = 40°; w(s, g) = 160°; w(h, s) = 160°;
w(s, l) = 35°; w(g, s) = 200°; w(g, l) = 235°;

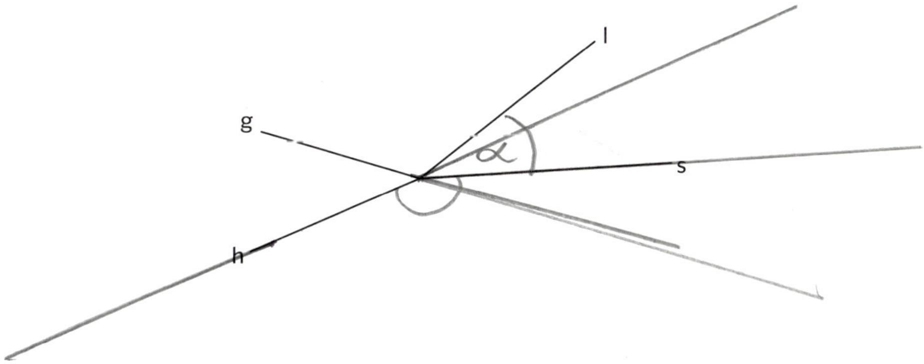

8 Zeichne von S_1 die Halbgeraden m, t und q in roter Farbe und von S_2 die Halbgeraden s, h und l in grüner Farbe so ein, dass gilt:
w(g, h) = 18°; w(n, t) = 45°; w(g, l) = 180°; w(n, q) = 200°; w(g, s) = 350°; w(n, m) = 30°.

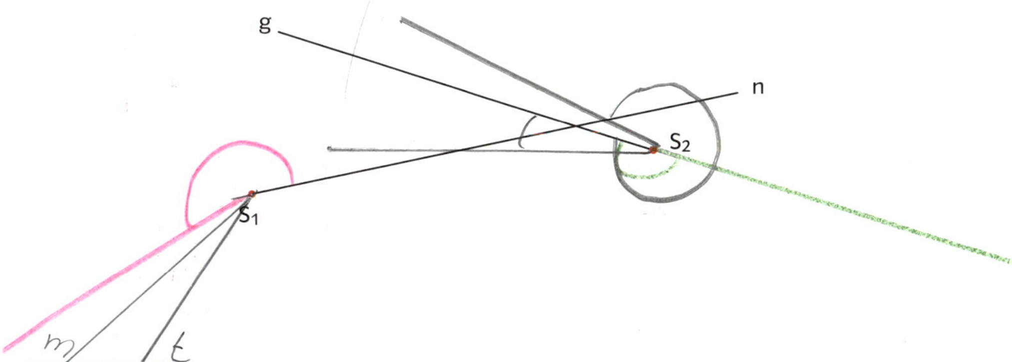

Info plus

Bei der **Landvermessung** ist die Winkelmessung von großer Bedeutung. Man sieht die Geometer (Vermessungsingenieure) durch ihre Geräte peilen. Sie messen dabei die Winkel aber nicht in der 360°-Einteilung: Bei den Geometern sind „Neugrade" eingeführt worden. Dabei wird der Kreis in 400 (nicht in 360) gleiche Teile eingeteilt. Der große Vorteil dabei ist, dass der rechte Winkel dann 100 Neugrad hat und wir auch im Bereich der Winkelmessung im Zehnersystem arbeiten können.

6.5 Der Lage zweier Geraden zueinander

Regel

Schneiden sich zwei Geraden, so entstehen vier Winkel. Die gegenüberliegenden Winkel sind immer gleich groß. Sind alle vier Winkel gleich groß, so haben sie $360° : 4 = 90°$.

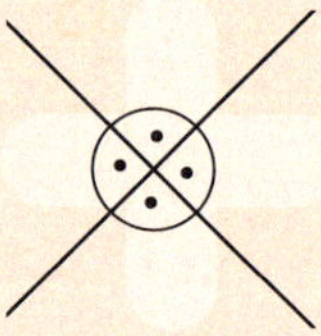

Ein Winkel von 90° heißt **rechter Winkel** (⊾).

Bilden zwei Geraden einen rechten Winkel, sagt man „sie stehen senkrecht aufeinander" (⊥) oder „sie sind **orthogonal** zueinander". Eine Gerade, die senkrecht auf einer anderen Geraden oder Ebene steht, heißt **Lot** auf die Gerade oder auf die Ebene.

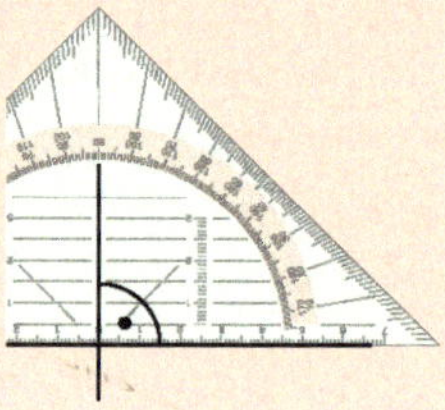

9 Zeichne jeweils durch L eine orthogonale Gerade zur gegebenen Geraden.

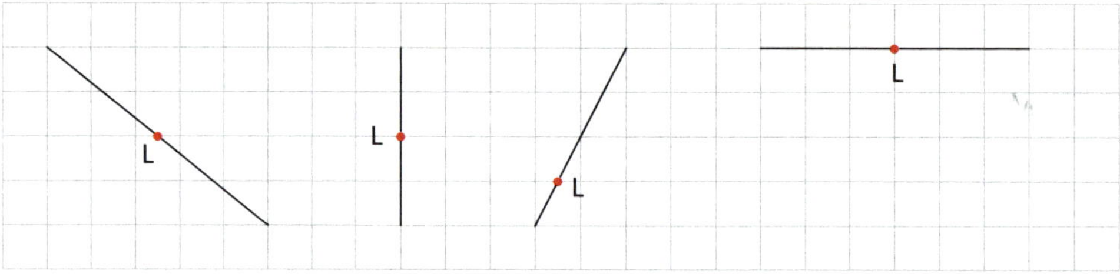

Regel

In der Ebene schneiden sich zwei Geraden in genau einem Punkt oder sie sind parallel. Bei der **Parallelität** haben sie entweder alle Punkte gemeinsam (sie sind identisch) oder gar keinen gemeinsamen Punkt.

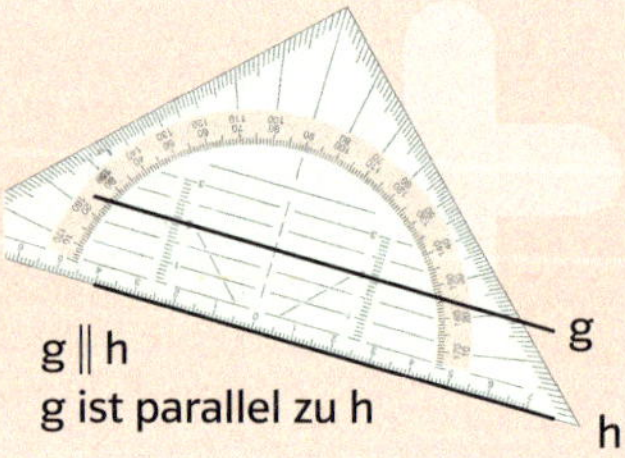

10 Zeichne jeweils durch den Punkt A eine zu g parallele und eine zu g orthogonale Gerade.

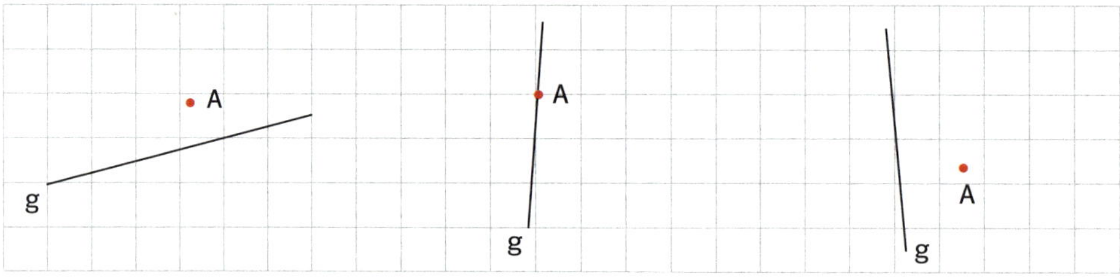

6.6 Abstandsmessungen

Regel

Der Abstand ist immer die **kürzeste Entfernung**.

- Der **Abstand zwischen zwei Punkten** entspricht der Länge der Strecke zwischen den beiden Punkten.
  Schreibweise: d (A, B) oder $\overline{AB}$.
- Der **Abstand eines Punktes zu einer Geraden** ist die Länge des Lotes vom Punkt auf die Gerade.
  Schreibweise: d (A, g)
- Der **Abstand zweier paralleler Geraden** ist der Abstand eines beliebigen Punktes einer Geraden zur zweiten Geraden, der über das Lot bestimmt wird.
  Schreibweise: d (g, h)

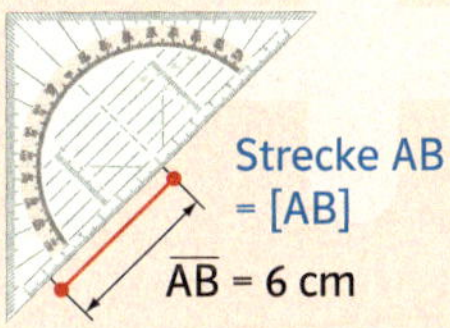

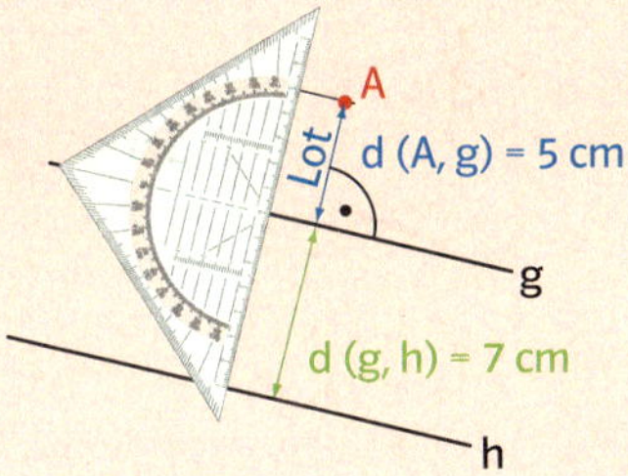

11 Miss die Längen.

a) d (A, B) = ______ b) d (B, C) = ______ c) d (C, D) = ______

d) $\overline{BA}$ = ______ e) $\overline{CB}$ = ______ f) $\overline{AD}$ = ______

g) d (A, g) = ______ h) d (B, g) = ______ i) d (C, g) = ______

j) d (B, h) = ______ k) d (C, h) = ______ l) d (A, h) = ______

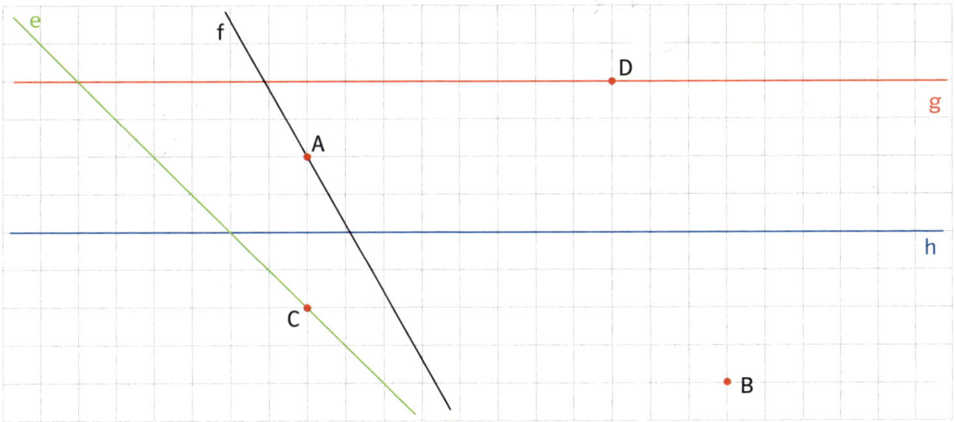

56 Was unterscheidet die Punkte des dritten Quadranten von den Punkten der anderen Quadranten? ____________________

57 Multipliziert man Abszisse und Ordinate eines Punktes, so sagt dieses Produkt etwas darüber aus, in welchem Quadranten der Punkt liegen kann.

a) Wo liegt der Punkt, wenn das Produkt positiv ist? ____________________

b) Wo liegt der Punkt, wenn dieses Produkt negativ ist? ____________________

c) Wo liegt der Punkt, wenn dieses Produkt null ist? ____________________

58 Was ist der Unterschied zwischen einem Strahl und einer Geraden?

____

59 Was versteht man unter [AB] bzw. $\overline{AB}$? ____________________

60 Was versteht man unter einem überstumpfen Winkel? Gib drei Beispiele an.

____

61 Wann sind zwei Geraden orthogonal zueinander?

____

62 Wie liegen zwei Geraden zueinander, wenn sie keinen gemeinsamen Punkt haben? ____________________

63 Wie misst man mit dem Geodreieck den Abstand eines Punktes zu einer Geraden? ____________________

____

64 Wo liegen alle Punkte, die vom Punkt A und vom Punkt B jeweils gleich weit entfernt sind? ____________________

65 Wie prüft man zeichnerisch die Orthogonalität zweie Geraden?

____

66 Wie prüft man zeichnerisch, ob zwei Geraden parallel zueinander sind?

____

1 Bestimme mit dem Geodreieck die Winkelweiten. 5/6

α = 33°, β = 35°, γ = 112°, δ = 152°, ε = 305°, λ = 28°

+1°; −1°

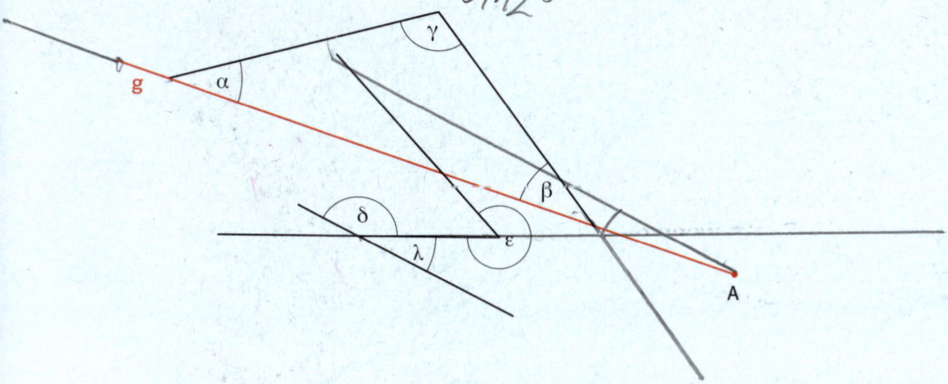

2 Zeichne in die Grafik aus Aufgabe 1, ausgehend vom Punkt A den zweiten Strahl des Winkels so ein, dass für die Winkelweite gilt: ___/6

a) w(g, a) = 10° b) w(g, b) = 30° c) w(g, c) = 180°

d) w(g, d) = 200° kann man schlecht zeichnen e) w(g, e) = 280° f) w(g, f) = 350°

3 Miss die Abstände. ___/8

d(A, g) = ________, d(B, g) = ________

d(C, g) = ________, d(D, g) = ________

d(A, h) = ________, d(B, h) = ________

d(C, h) = ________, d(D, h) = ________

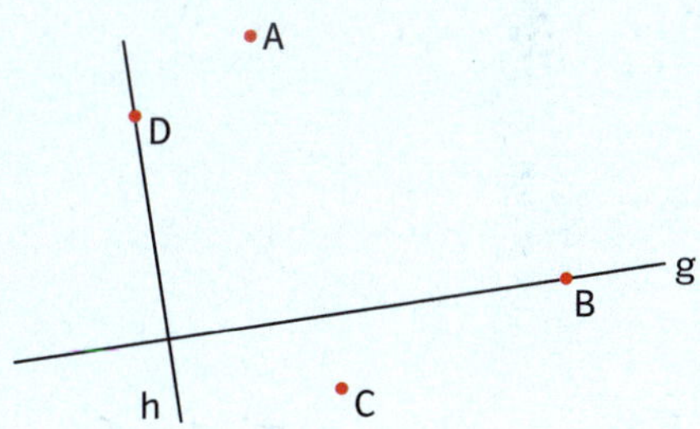

4 Zeichne die Punkte ein und gib sie in Koordinatenschreibweise an. ___/6

a) Der Punkt Q hat die Ordinate 3 und ist 3 cm von A entfernt.

____

b) Der Punkt P hat einen x-Wert von −1 und ist 2 cm von A entfernt.

____

c) R(0 | ____) ist 2 cm vom Ursprung entfernt.

____

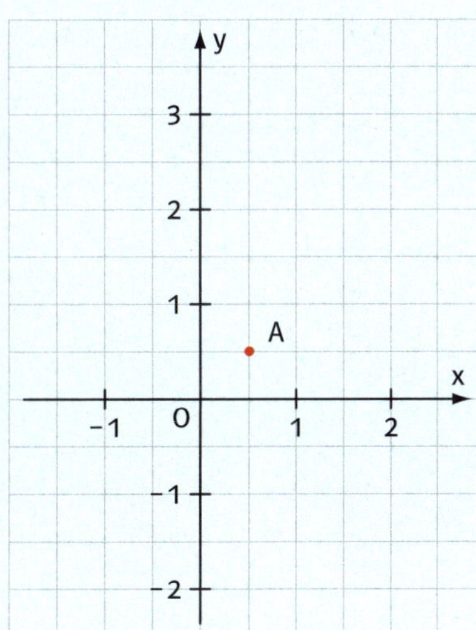

Gesamtpunktzahl ____/26

7 Ebene Figuren und Körper

Zahlreiche Gegenstände des täglichen Lebens haben die Form bekannter ebener Figuren (Dreieck, Viereck) und räumlicher Körper (Würfel, Quader).

7.1 Das Dreieck

Regel

Dreieck

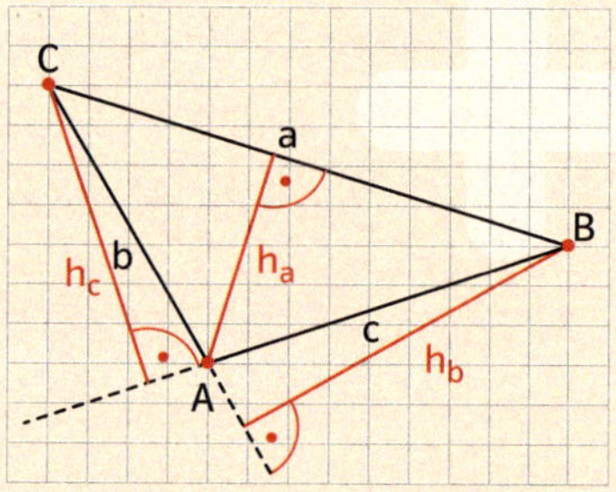

- Verbindet man drei Punkte, die nicht auf einer Geraden liegen, so erhält man ein **Dreieck**.
- Fällt man das Lot von einem Eckpunkt des Dreiecks auf die gegenüberliegende Seite (oder auf die Verlängerung dieser Seite), so heißt dieses Lot **Höhe des Dreiecks**.
- Da das Dreieck drei Ecken und auch drei gegenüberliegende Seiten hat, gibt es stets **drei Höhen** im Dreieck.
- **Die Höhe muss nicht innerhalb des Dreiecks liegen.**

1 Fälle bei den Dreiecken von jedem Eckpunkt aus das Lot auf die gegenüberliegende Seite und miss die Länge dieser Dreieckshöhen.

a) h_a = ________ h_b = ________ h_c = ________

b) h_a = ________ h_b = ________ h_c = ________

c) h_a = ________ h_b = ________ h_c = ________

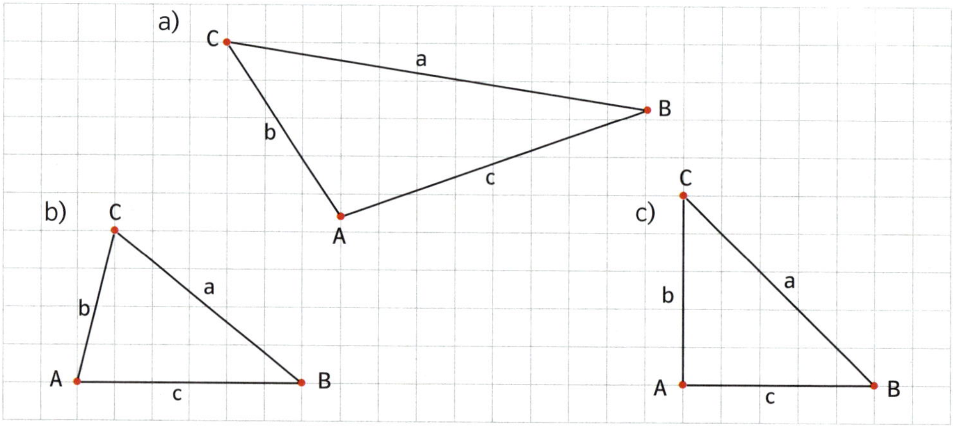

Regel

Umfang und Flächeninhalt des Dreiecks

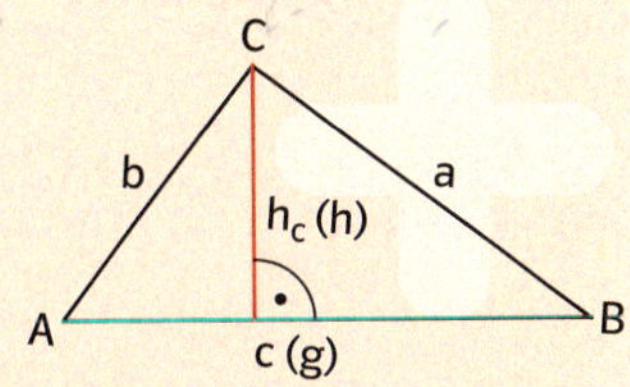

- Der **Umfang u** eines Dreiecks berechnet sich aus der Summe der drei Seitenlängen: $u = a + b + c$
- Der **Flächeninhalt A** eines Dreieck ist die Hälfte des Produkts einer Seitenlänge (bzw. der Grundlinie g) und der dazugehörigen Höhe.

$A = \frac{1}{2} \cdot a \cdot h_a$ oder $A = \frac{1}{2} \cdot b \cdot h_b$ oder $A = \frac{1}{2} \cdot c \cdot h_c$; allgemein: $A = \frac{1}{2} \cdot g \cdot h$

2 Zeichne das Dreieck und berechne Umfang und Flächeninhalt.

a) ΔABC: u = ______ A = ______

b) ΔADE: u = ______ A = ______

c) ΔBCE: u = ______ A = ______

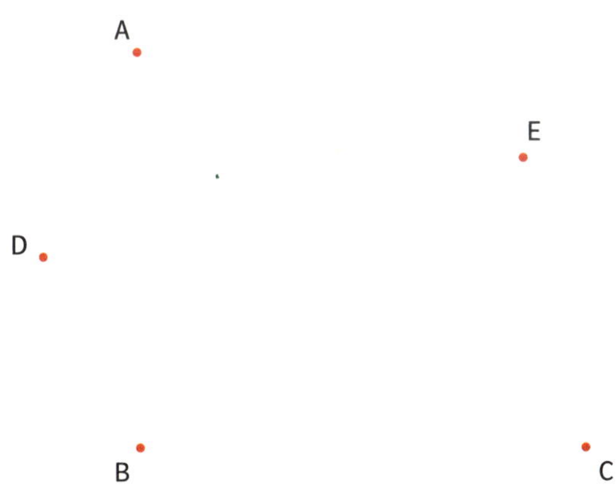

Info plus

Im alten Ägypten gab es den Beruf des Harpedonapten, des **Seilspanner**s. Diese Landvermesser hatten Seile, die mithilfe von Knoten in 12 gleiche Teile eingeteilt waren (**Zwölfknotenschnüre**). Wenn man dieses Seil im Verhältnis 3 : 4 : 5 über Pflöcke aufspannt, erhält man immer ein rechtwinkliges Dreieck. (Dahinter verbirgt sich übrigens der Satz des Pythagoras, den du erst später kennenlernen wirst.)

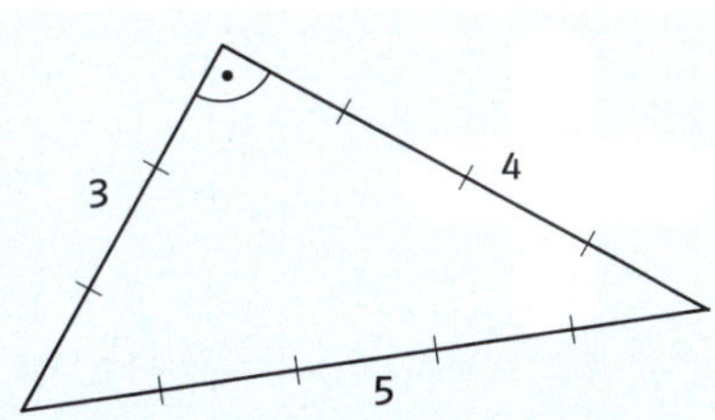

Damals wurden also die Winkel über die Längen bestimmt, die heutigen Geometer gehen umgekehr vor: sie bestimmen die Längen über die Winkel.

7.2 Das Viereck

Regel

Verbindet man vier Punkte ABCD zu einem geschlossenen Streckenzug durch Strecken, die sich nicht kreuzen, erhält man als Figur ein Viereck. Die Punkte werden im **Gegenuhrzeigersinn** bezeichnet.

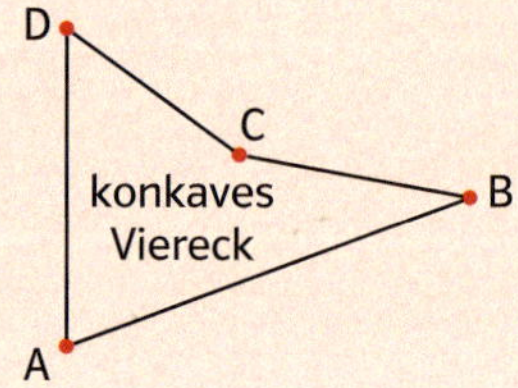

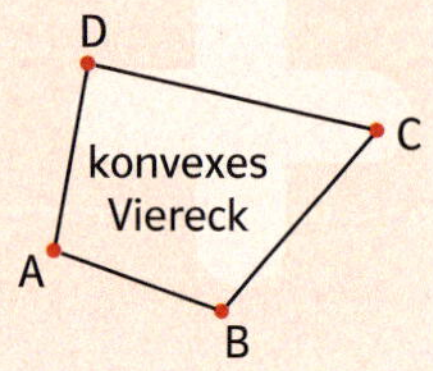

3 a) Zeichne die Vierecke ABCD, ACBD, EFGH und ODGA in verschiedenen Farben in das Koordinatensystem ein.

b) Teile das Viereck ABCD durch eine Strecke zwischen zwei nicht benachbarten Punkte in zwei Dreiecke, bestimme den Flächeninhalt dieser Dreiecke und daraus den Flächeninhalt des Vierecks.

$A_{Dreieck\,1}$ = ______________________________

$A_{Dreieck\,2}$ = ______________________________

$A_{Viereck}$ = ______________________________

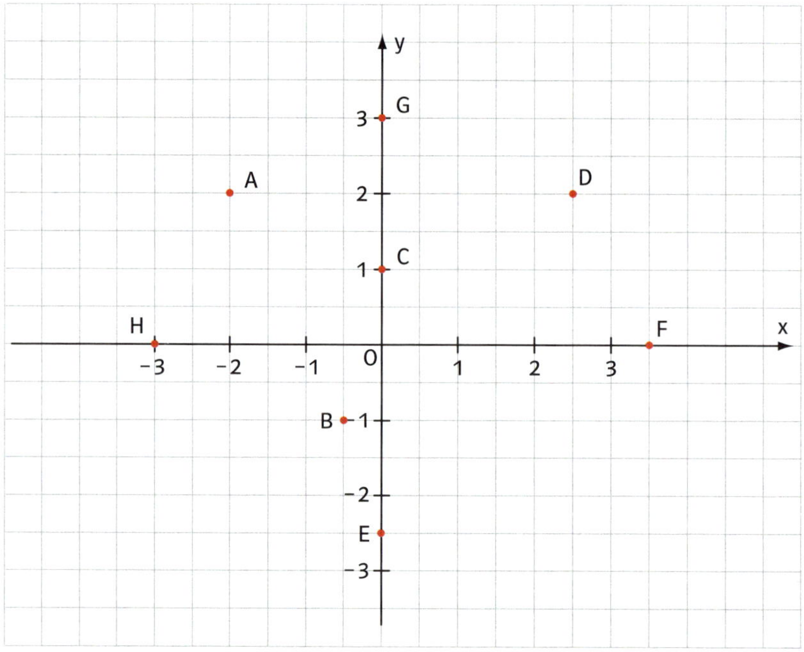

7.3 Die Summe der Innenwinkel

Regel

Innenwinkelsumme in Dreieck und Viereck

Die Summe der Innenwinkel beträgt
- im Dreieck 180°,
- im Viereck 360°.

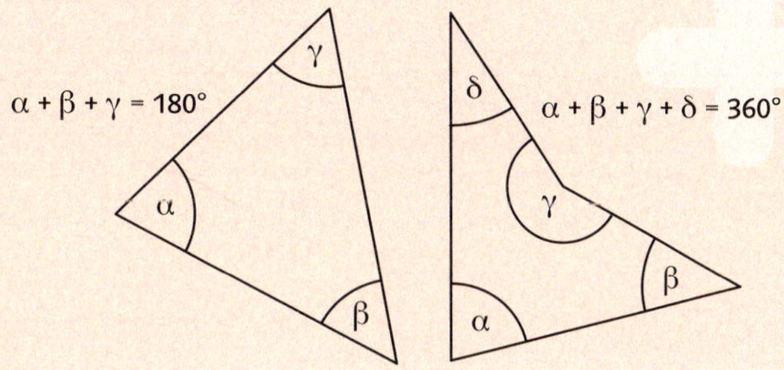

4 Zeichne die Figuren ABC und DEFG. Miss ihre Innenwinkel und addiere sie. Berechne Umfang und Flächeninhalt.

A(−4|−2); B(4|−1); C(2|3); D(0|−2); E(5|1); F(0|1); G(−5|0)

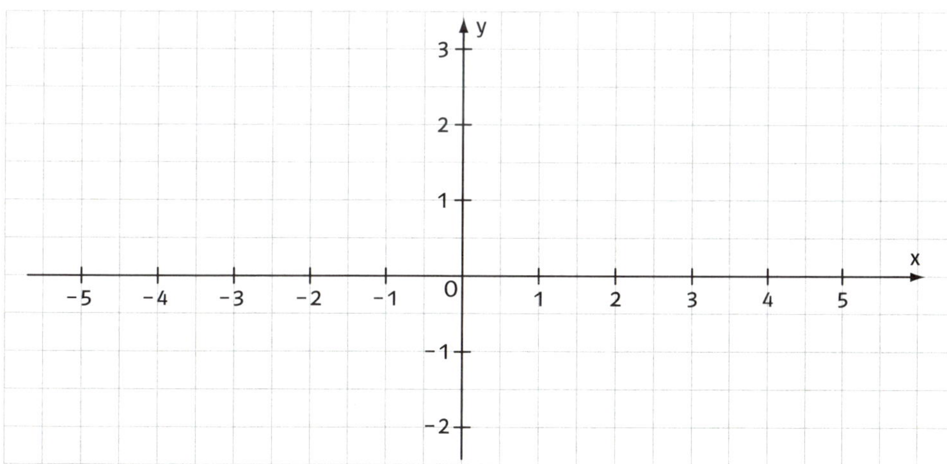

Winkel bei	Dreieck ABC	Viereck DEFG
A bzw. D		
B bzw. E		
C bzw. F		
G	–	
Innenwinkel-summe		
Umfang		
Flächeninhalt		

7.4 Spezielle Vierecke

Regel

Besonderheiten bei speziellen Vierecken

Name	Quadrat	Rechteck	Parallelogramm
Skizze	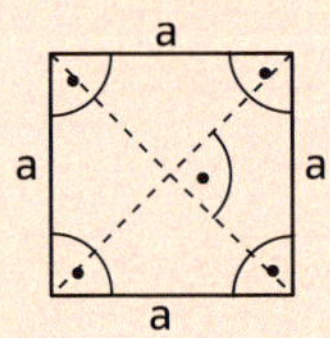	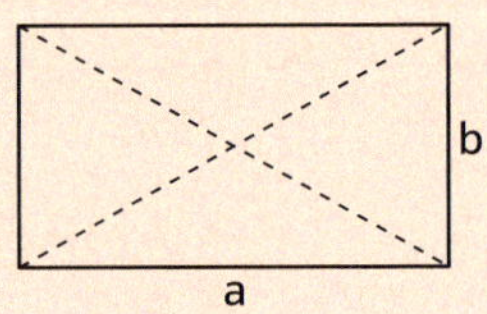	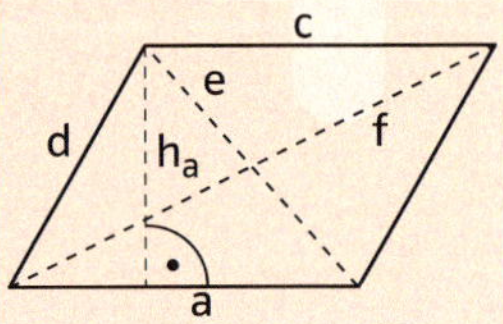
Seitenlänge	alle Seiten gleich lang	gegenüberliegende Seiten gleich lang	gegenüberliegende Seiten gleich lang
Umfang	$u = 4 \cdot a$	$u = 2 \cdot a + 2 \cdot b$	$u = a + b + c + d$ $= 2a + 2b$
Flächeninhalt	$A = a \cdot a = a^2$	$A = a \cdot b$	$A = a \cdot h_a$
Winkel	4 rechte Innenwinkel	4 rechte Innenwinkel	gegenüberliegende Winkel gleich groß, Nebenwinkelsumme = 180°
Diagonalen	Diagonalen halbieren sich, sind gleich lang, stehen senkrecht aufeinander	Diagonalen halbieren sich und sind gleich lang	Diagonalen halbieren sich

Name	Raute (Rhombus)	Drachen	Trapez
Skizze	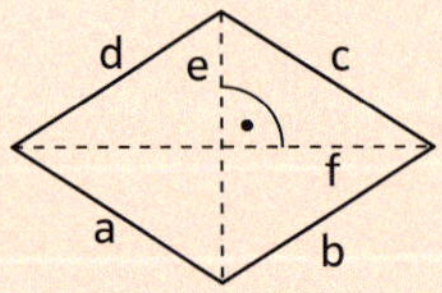	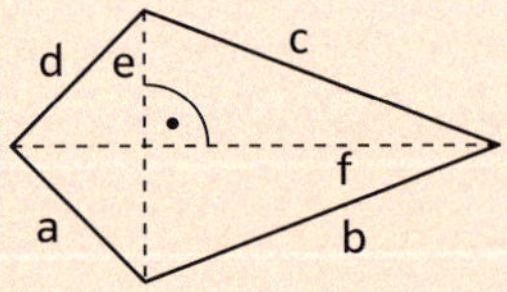	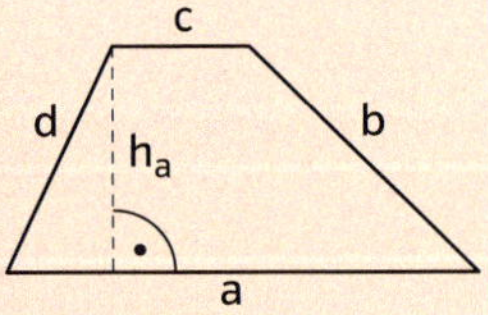
Seitenlänge	alle Seiten gleich lang	jeweils 2 benachbarte Seiten gleich lang	–
Umfang	$u = 4 \cdot a = 4 \cdot b = 4 \cdot c$ $= 4 \cdot c$	$u = 2 \cdot a + 2 \cdot b$	$u = a + b + c + d$
Flächeninhalt	$A = \frac{1}{2} \cdot e \cdot f$	$A = \frac{1}{2} \cdot e \cdot f$	$A = \frac{a + c}{2} \cdot h$
Winkel	Nebenwinkelsumme = 180°	1 Paar gegenüberliegende Winkel gleich groß	–
Diagonalen	Diagonalen halbieren sich und stehen senkrecht aufeinander	Diagonalen stehen senkrecht aufeinander	–

Die Innenwinkelsumme in allen Vierecken beträgt 360°.

5 Ist die Aussage wahr [w], oder falsch [f]?

a) ☐ Jedes Quadrat ist auch ein Rechteck.

b) ☐ Jedes Rechteck ist auch ein Parallelogramm.

c) ☐ Beim Trapez sind die gegenüberliegenden Winkel gleich groß.

d) ☐ Bei allen Vierecken liegen die Strecken zwischen nicht benachbarten Eckpunkten innerhalb der Figur.

e) ☐ Bei Quadrat, Rechteck, Parallelogramm und Raute halbieren sich die Diagonalen.

7.5 Der Kreis

Regel

- Ein Kreis besteht aus allen Punkten der Ebene, die von einem festen Punkt (**Mittelpunkt M**) den festen Abstand r (**Radius r**) haben.
- Die Strecke von einem Kreispunkt über den Mittelpunkt zum gegenüberliegenden Kreispunkt heißt **Durchmesser d**.
- Der Durchmesser ist doppelt so lang wie der Radius, $d = 2r$.
- Kreise werden mit dem **Zirkel** gezeichnet.

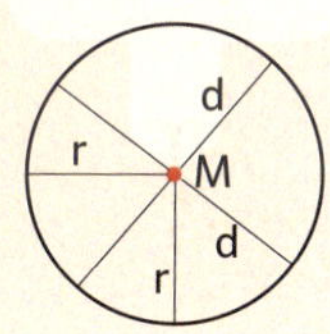

6 Gib Mittelpunkt M, Radius r und Durchmesser d der Kreise an.

a) Kreis K_1: M = (___ | ___);

r = ______ cm; d = ______ cm

b) Kreis K_2: M = (___ | ___);

r = ______ cm; d = ______ cm

c) Kreis K_3: M = (___ | ___);

r = ______ cm; d = ______ cm

d) Kreis K_4: M = (___ | ___);

r = ______ cm; d = ______ cm

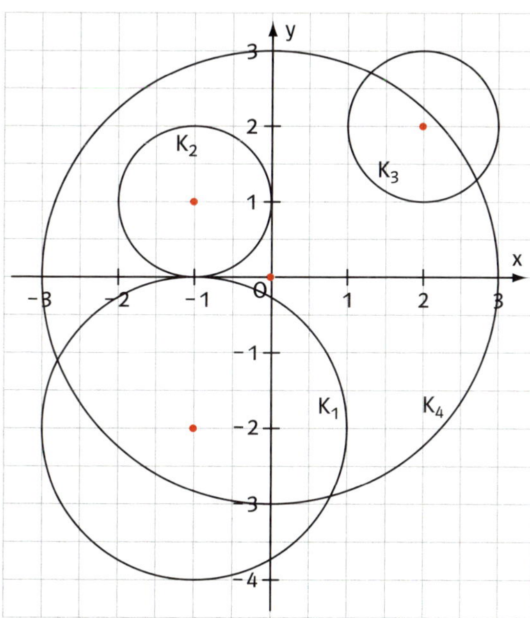

7

a) Zeichne die Kreise in das Koordinatensystem:

K_1 mit $M_1(3|2)$ und $r = 2\,cm$ K_2 mit $M_2(-2|2)$ und $r = 1\,cm$;
K_3 mit $M_3(-1|1)$ und $r = 3\,cm$ K_4 mit $M_4(5|0)$ und $r = 2\,cm$

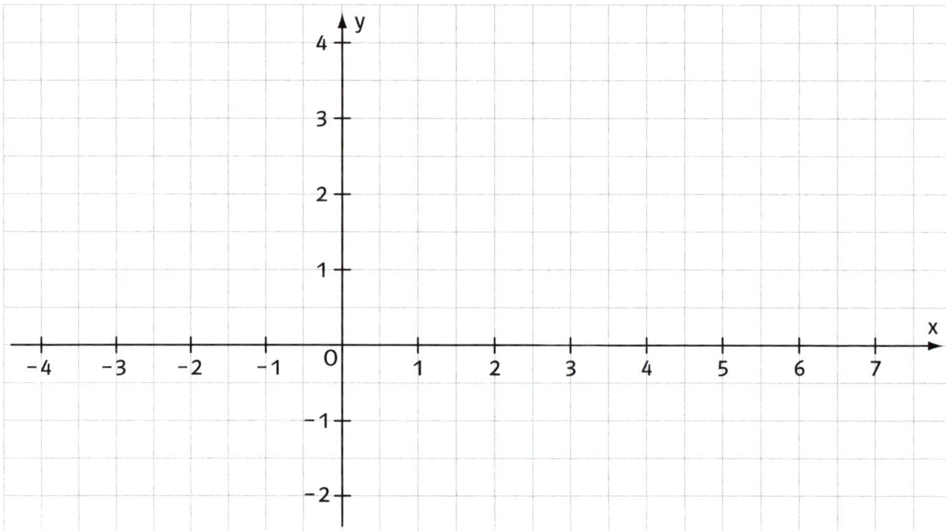

b) Gib an, ob die Punkte innerhalb, außerhalb oder auf dem Kreis liegen.

	K_1	K_2	K_3	K_4
A(−2 | 1)				
B(5 | 2)				
O(0 | 0)				
C(1 | 2)				
D(4 | 1)				

Info plus

Die **Quadratur des Kreises** ist ein klassisches Problem der Geometrie. Generationen von Mathematikern versuchten jahrhundertelang **aus einem gegebenen Kreis ein flächengleiches Quadrat** nur mit Zirkel und Lineal zu konstruieren. Erst 1882 bewies der deutsche Mathematiker Ferdinand von Lindemann, dass diese Aufgabe tatsächlich unlösbar ist.
So ist der Ausdruck „Die Quadratur des Kreises" in vielen Sprachen zu einem Ausdruck für die Unerfüllbarkeit einer Aufgabenstellung geworden.
Weitere geometrisch bisher unlösbare Probleme sind zum Beispiel die Dreiteilung von Winkeln und das Verdoppeln von Würfeln.

7.6 Würfel und Quader

Regel

Schrägbild von Würfel und Quader

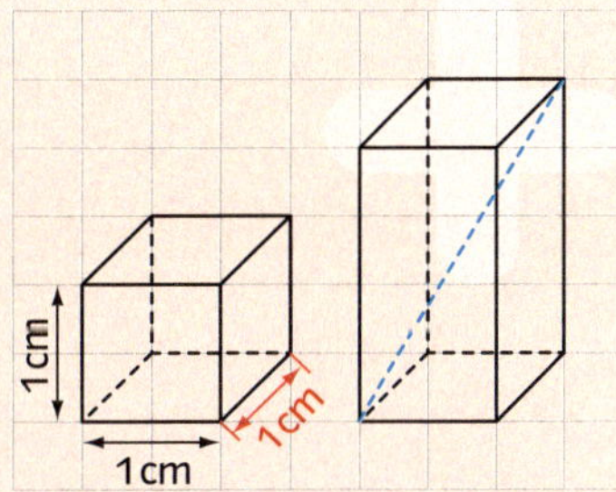

- Ein Körper, dessen Oberfläche aus lauter gleichen Quadraten besteht heißt **Würfel**.
- Ein Körper, bei dem drei gegenüberliegende Rechtecke deckungsgleich sind, heißt **Quader**.
- Die Körper haben **drei Dimensionen** (Richtungen). Da unsere Zeichenebene nur zwei Dimensionen hat, zeichnen wir die dritte Richtung verkürzt nach hinten, dabei entspricht (wenn nicht anders angegeben) ein Zentimeter einer Kästchendiagonalen (siehe Skizze).
  Diese Darstellungsweise heißt **Schrägbild des Körpers**. Beim Schrägbild werden nicht sichtbare Kanten gestrichelt gezeichnet.
- Verbindet man zwei Eckpunkte, die nicht in einer Ebene liegen, erhält man eine **Raumdiagonale** (in der Skizze blau).

8 Zeichne das Schrägbild

a) eines Würfels mit der Kantenlänge 2 cm.

b) eines Quaders mit der Länge $l = 3$ cm, der Breite $b = 2$ cm und der Höhe $h = 1$ cm.

9 Trage die Längen der durch die Pfeile gekennzeichneten Strecken ein. Um welche Körper handelt es sich? Zeichne die Raumdiagonalen in einer anderen Farbe ein.

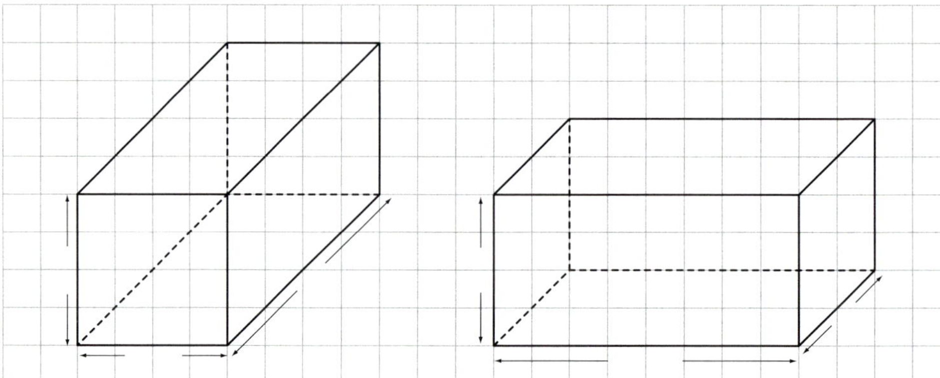

Regel

Körpernetz, Netzbild

Schneidet man einen Körper, z. B. einen Quader, an den Kanten auf und legt die Seitenflächen und die Oberfläche in die Zeichenebene, so erhält man ein Körpernetz (Netz, Netzbild) des Körpers.

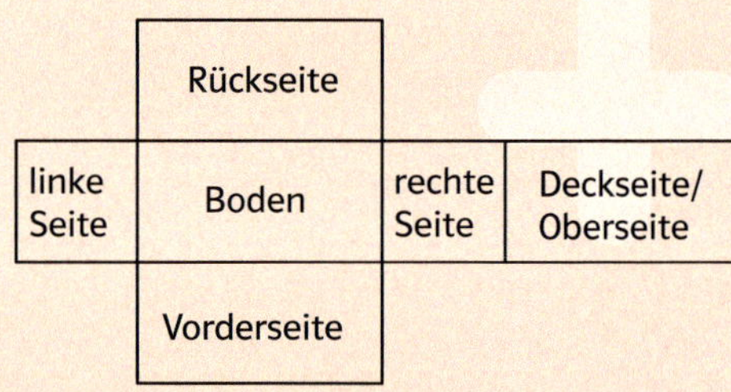

Mithilfe des Körpernetzes kann man die Oberfläche leicht berechnen.

10 Zeichne die Körpernetze eines Würfels mit der Kantenlänge 2 cm und eines Quaders mit der Länge $l = 3\,cm$, der Breite $b = 2\,cm$ und der Höhe $h = 1\,cm$. im Maßstab 1 : 2. (**Maßstab** 1 : 2 bedeutet: ein Zentimeter in der Zeichnung entspricht zwei Zentimetern in der Wirklichkeit.)

Regel

Oberfläche und Volumen von Würfel und Quader

- Oberfläche O eines Quaders mit der Länge l, der Breite b und der Höhe h:
  $O = 2 \cdot h \cdot b + 2 \cdot h \cdot l + 2 \cdot b \cdot l = 2 \cdot (h \cdot b + h \cdot l + b \cdot l)$
- Volumen V (Rauminhalt) des Quaders: $V = l \cdot b \cdot h$
- Oberfläche O eines Würfels mit Seitenlänge a: $O = 6 \cdot a \cdot a = 6a^2$
- Volumen V des Würfels: $V = a \cdot a \cdot a = a^3$

11 Berechne Volumen und Oberfläche des Würfels.

a) Kantenlänge 3 cm V = ______ O = ______

b) Kantenlänge 10 cm V = ______ O = ______

c) Kantenlänge 2 m V = ______ O = ______

12 Berechne Volumen und Oberfläche des Quaders.

	a)	b)	c)	d)	e)
Länge	3 cm	4 cm	1 cm	50 cm	1 m
Breite	4 cm	2 cm	10 cm	1 m	2 m
Höhe	5 cm	4 cm	1 cm	20 cm	3 m
Volumen					
Oberfläche					

13 Ist die Aussage wahr [w] oder falsch [f]? Begründe, wenn eine Aussage falsch ist.

a) ☐ Beim Würfel sind alle Kanten gleich lang.

b) ☐ Bei einem Schrägbild kann man alle Maße eines Körpers direkt ausmessen.

c) ☐ Beim Würfel alle die Raumdiagonalen gleich lang.

d) ☐ Vergrößert man bei einem Quader die Höhe, wird sein Volumen größer.

14 Berechne im Heft.

a) Ein Würfel hat das Volumen von 27 cm^3. Wie groß ist seine Oberfläche?

b) Die Oberfläche eines Würfels beträgt 600 cm^2. Berechne sein Volumen.

7.7 Zusammengesetzte Körper

Regel

Aus Quadern und Würfeln lassen sich Körper zusammensetzen (addieren) und voneinander abziehen (subtrahieren).
Man spricht auch dann noch von „zusammengesetzten Körpern", wenn man von einem Quader oder Würfel einen anderen Quader oder Würfel ausschneidet.

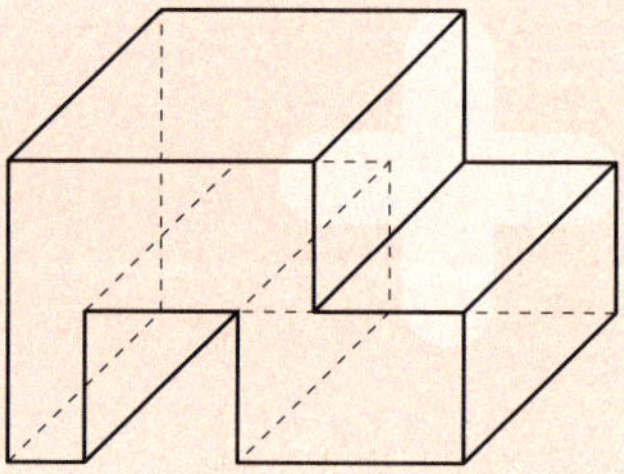

15 Bestimme das Volumen und die Oberfläche der im Schrägbild gezeichneten Körper.

a) zwei aufeinanderliegende Quader

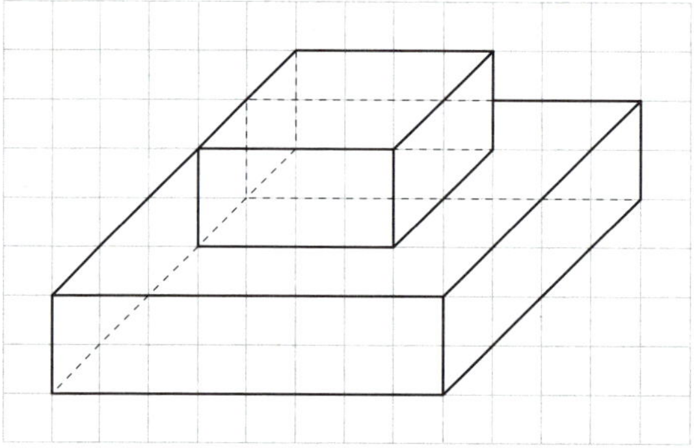

V = ____________________

O = ____________________

b) Würfel, aus dem ein Quader ausgeschnitten wurde

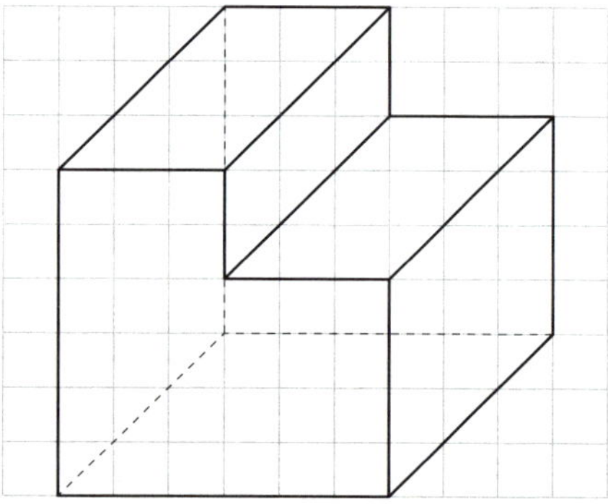

V = ____________________

O = ____________________

Info plus

Unmögliche Figuren

Wenn man Schrägbilder bewusst falsch zeichnet, kann man damit erstaunliche Effekte erzielen. Maurits Cornelis Escher (1898 - 1972), ein niederländischer Künstler und Grafiker, wurde durch seine Darstellung unmöglicher Figuren bekannt, wie zum Beispiel die unmögliche Treppe, das unmögliche Dreieck oder der unmögliche Würfel.

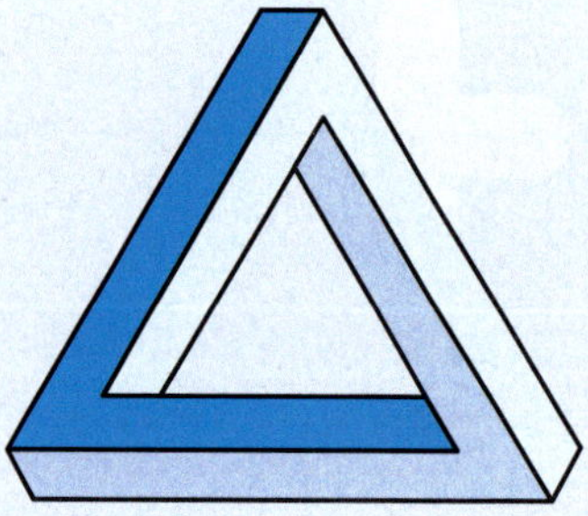

67 Welche Eigenschaften hat ein Quadrat im Vergleich mit einem beliebigen Viereck?

68 Wie berechnet man den Flächeninhalt von (nicht speziellen) Vierecken?

69 Weshalb ist jedes Quadrat auch ein Parallelogramm?

70 Was versteht man unter Diagonalen und Raumdiagonalen?

71 In welchen Vierecken halbieren sich beide Diagonalen?

72 Mit welcher Formel bestimmt man den Flächeninhalt eines Dreiecks?

73 An welchen drei Eigenschaften erkennt man, dass ein Viereck ein Parallelogramm ist?

74 Beschreibe, wie man ein Schrägbild von Würfel und Quader zeichnet.

75 Nenne die Formeln für Volumen und Oberfläche von Würfeln.

76 Wie lauten die Formeln für Volumen und Oberfläche von Quadern?

77 Wie groß sind die Innenwinkelsummen von Dreiecken und Vierecken?

__/4 **1** Alle geradlinig begrenzten Figuren lassen sich in Dreiecke aufteilen. Teile das Fünfeck vom Punkt A ausgehend in Dreiecke ein und berechne im Heft seinen Flächeninhalt.

A = ____________________

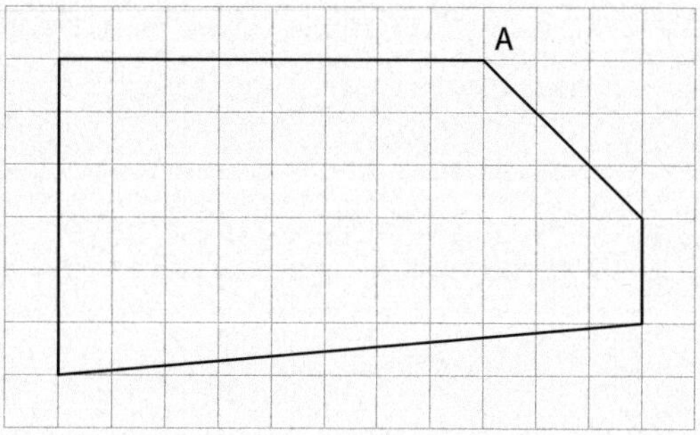

__/4 **2** Die drei Punkte A(-2|-2), B(2|0) und C(0|1) sind Eckpunkte eines Parallelogramms. Zeichne das Parallelogramm und bestimme den Flächeninhalt.

A = ____________________

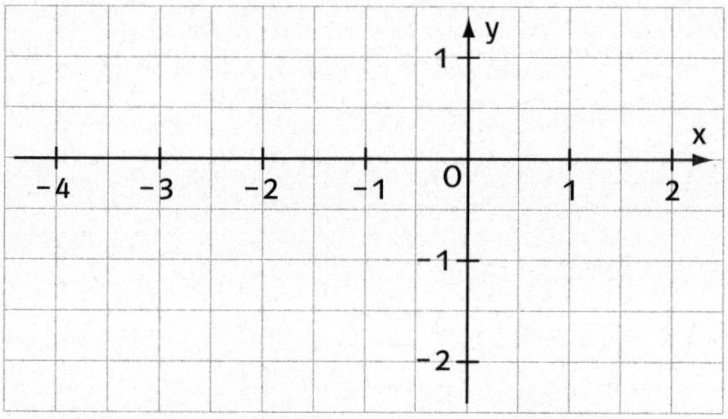

__/6 **3** Zeichne die Kreise K_1 mit $M_1(-2|1)$ und $r = 4\,cm$, K_2 mit $M_2(3|-1)$ und $r = 3\,cm$, K_3 mit $M_3(2|1)$ und $r = 2\,cm$. Gib jeweils 3 Punkte an, die innerhalb aller drei Kreise liegen, innerhalb von K_1 und K_2 aber nicht in K_3 liegen, nur innerhalb von K_1 liegen.

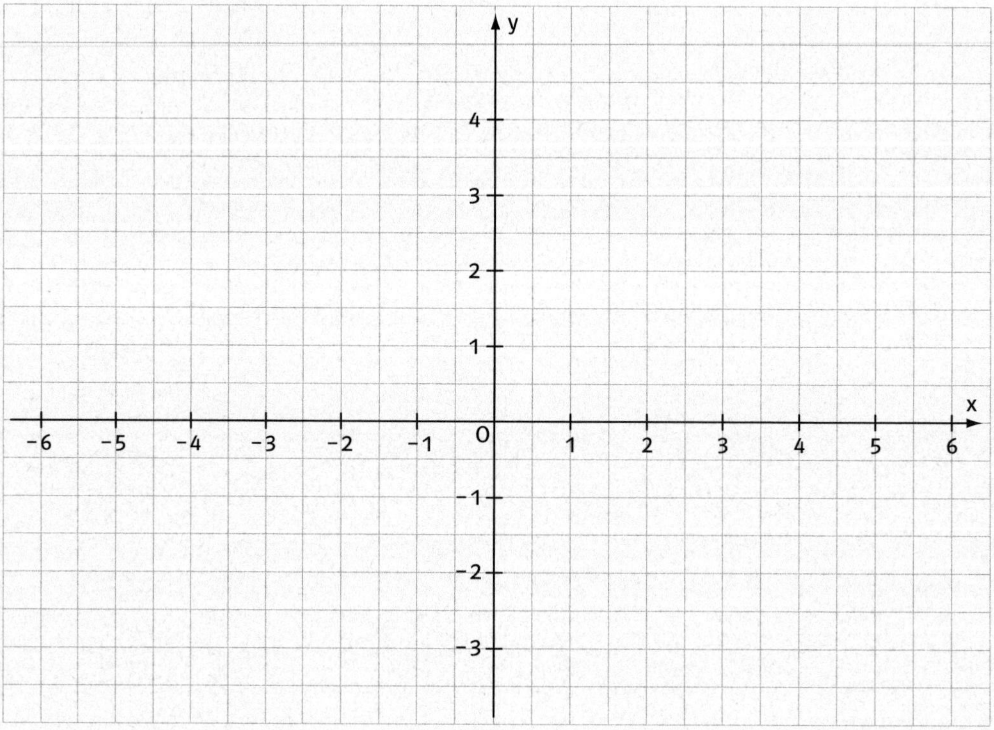

4 Berechne die fehlenden Größen der Quader. ___/5

	Q_1	Q_2	Q_3	Q_4	Q_5
Länge	2 cm	2 cm	2 cm		12 cm
Breite	5 cm	4 cm	3 cm		20 cm
Höhe	6 cm			5 cm	100 cm
Volumen		40 cm^3		30 cm^3	
Oberfläche			32 cm^2	62 cm^2	

5 Gegeben ist das Netzbild eines Quaders. Berechne Volumen und Oberfläche und zeichne den Quader im Schrägbild. ___/6

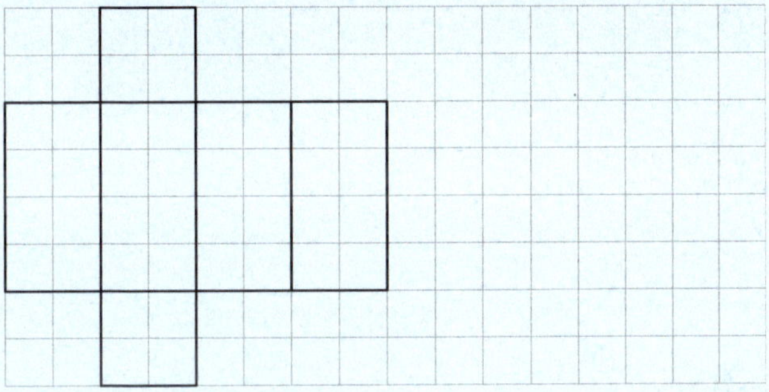

V = ______________________

____

O = ______________________

6 Die Buchstaben werden aus Gips gegossen. Berechne das Gewicht, wenn 1 cm^3 Gips 20 g wiegt? ___/4

a) Buchstabe F ______________________

b) Buchstabe H ______________________

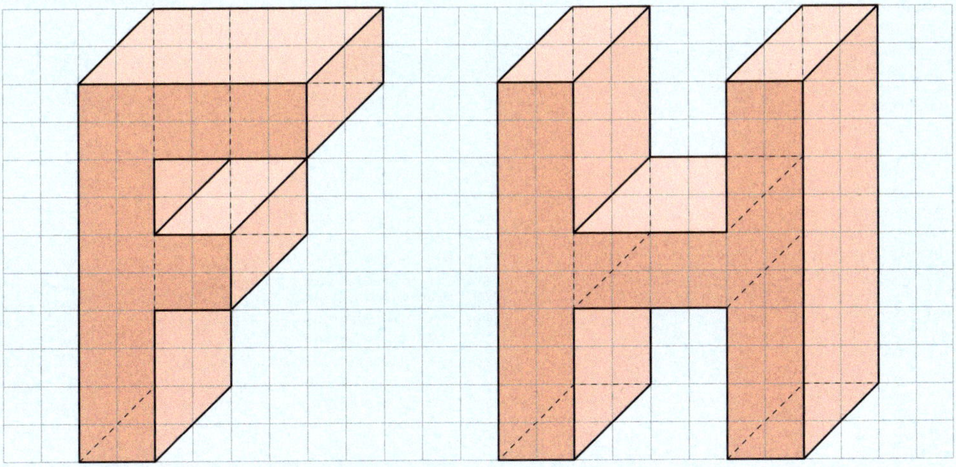

Gesamtpunktzahl ___/29

8 Symmetrie

Es wird behauptet, dass jeder Mensch eine „Schokoladenseite" hat. Damit meint man, dass er von einer Seite bei Fotografien vorteilhafter aussieht als von der anderen Seite. Auf den ersten Blick scheint eine Gesichtshälfte das Spiegelbild der anderen Gesichtshälfte zu sein.
Dass dem nicht so ist, zeigt die folgende Fotomontage:

die rechte Gesichtshälfte nach links gespiegelt

das richtige Bild

die linke Gesichtshälfte nach rechts gespiegelt

8.1 Spiegelung an einer Geraden (Achsenspiegelung)

Regel

Geradenspiegelung (Achsenspiegelung)

Man spiegelt einen **Punkt** P (**Urpunkt**) an einer Geraden g, indem man das **Lot** von P auf g fällt (→ Seiten 74 und 75) und dann die Strecke von P zum Lotfußpunkt F verdoppelt. Der **Bildpunkt** von P heißt P'. Man spiegelt eine **Gerade** h, indem man zwei beliebige Punkte von h an der Geraden g spiegelt und diese dann zu h' verbindet.

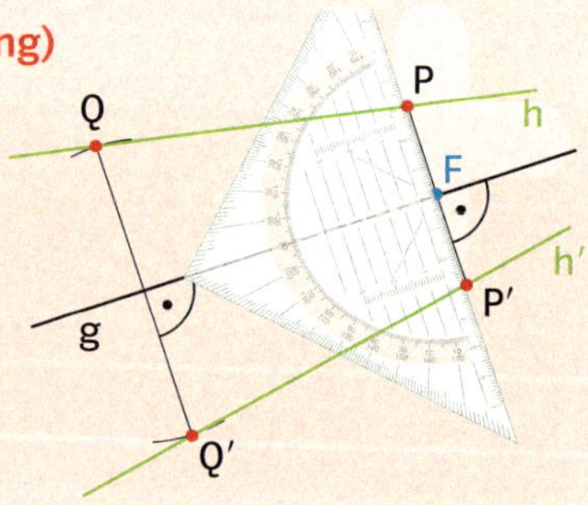

1 Spiegle die Punkte A, B, C, D, E, F jeweils an den Geraden g und h.

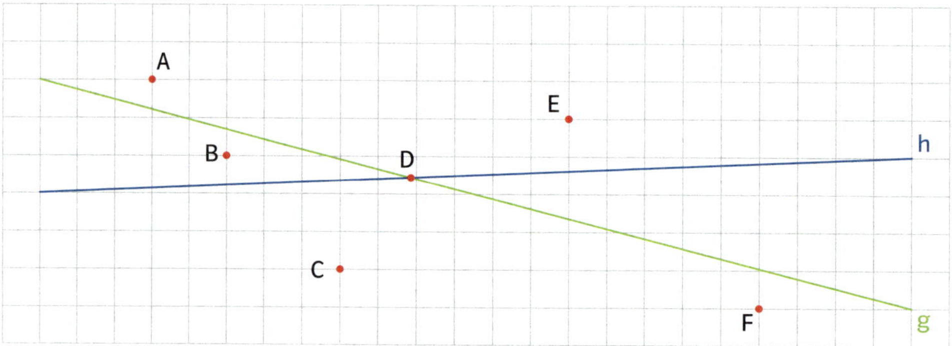

2 Gegeben sind Punkt und Spiegelpunkt.
Zeichne jeweils die Gerade, über die gespiegelt wurde, ein.

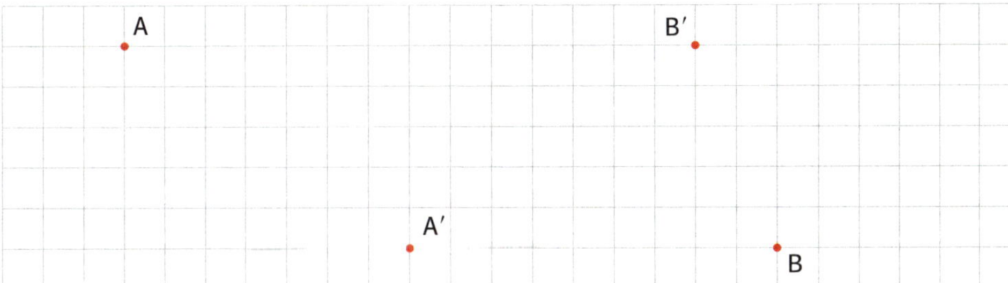

3 Spiegle die Punkte A(3 | 3), B(2 | 1) und C(−1 | −2)

a) an der x-Achse.

A′ (___ | ___), B′ (___ | ___), C′ (___ | ___)

b) an der y-Achse.

A″ (___ | ___), B″ (___ | ___), C″ (___ | ___)

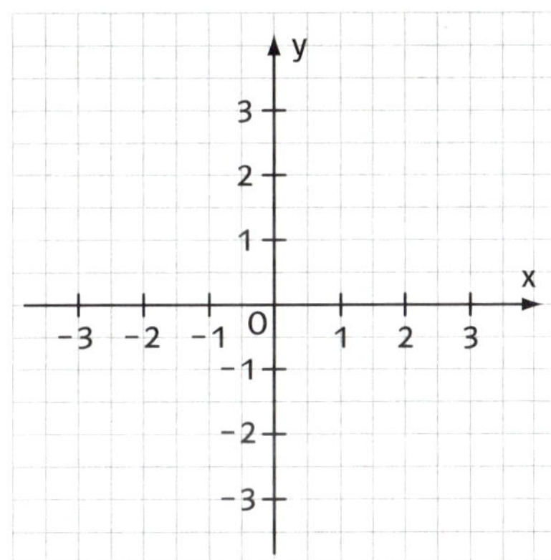

Regel

Spiegeln einer Figur an einer Geraden

Eine ebene Figur wird an einer Geraden gespiegelt, indem man **die Eckpunkte spiegelt** und diese gespiegelten Eckpunkte entsprechend dem Urbild verbindet.

4 Spiegle a) die Figur ABCD an h und b) die Figur EFGH an g.

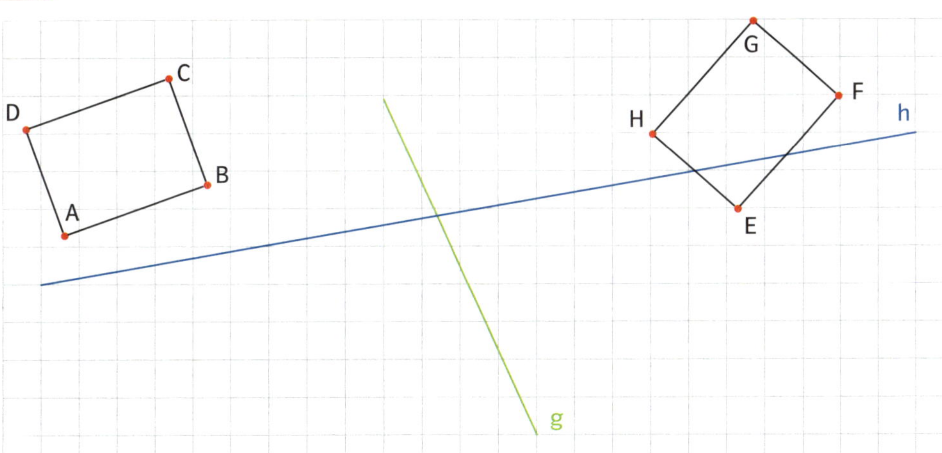

8.2 Achsensymmetrische Figuren

Regel

Eine Figur ist **achsensymmetrisch**, wenn man sie durch Spiegelung an einer Geraden g **auf sich selbst abbilden** kann.
Diese Gerade g heißt dann **Symmetrieachse** oder **Spiegelachse**.
Eine Figur kann **mehrere Symmetrieachsen** haben.
Achsensymmetrische Figuren kann man auch über Scherenschnitte oder Falten erzeugen.

5 Überlege dir, ob die Figuren eine oder mehrere Symmetrieachsen haben und zeichne alle ein.

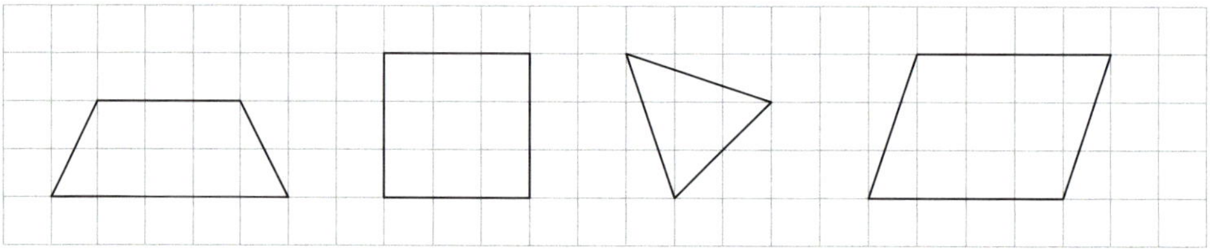

6 Sind die Buchstaben achsensymmetrisch?
Wenn ja, zeichne die Symmetrieachsen ein und gib ihre Anzahl an.

Buchstabe	H	A	B	R	S	U	W
Anzahl der Symmetrieachsen							

7 Vervollständige die Figuren so, dass sie achsensymmetrisch zu den vorgegebenen Achsen sind.

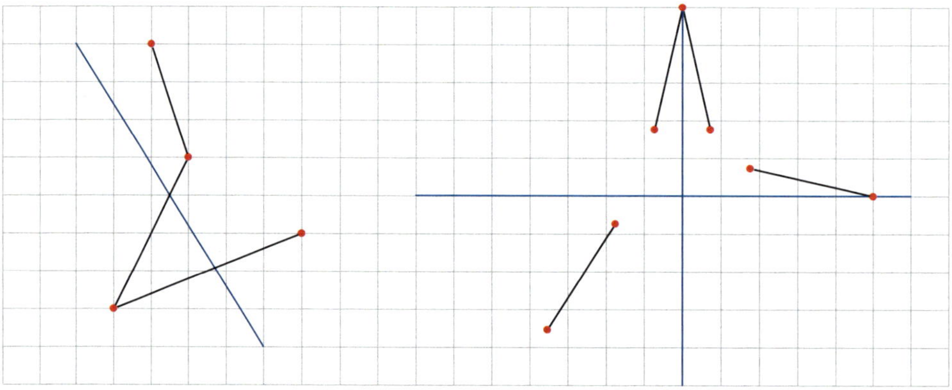

8.3 Spiegelung an einem Punkt

Regel

Punktspiegelung

Man spiegelt einen **Punkt** P an einem Punkt Z, indem man die Strecke von $\overline{PZ}$ über Z hinaus verdoppelt.
Der Bildpunkt von P heißt P′. Z ist dann die Mitte der Strecke PP′ und heißt **Zentrum**.

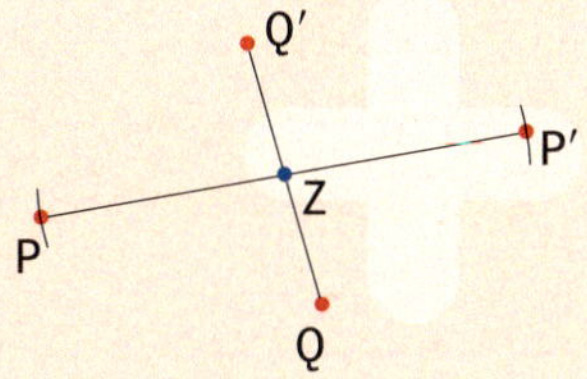

Um eine **Figur** an einem Punkt zu spiegeln, spiegelt man ihre Eckpunkte.
Um eine **Gerade** an einem Punkt zu spiegeln, spiegelt man zwei beliebige Punkte der Geraden und verbindet diese zur gespiegelten Geraden.

8 Spiegle die Punkte A, B und C sowie die Gerade g am Zentrum Z.

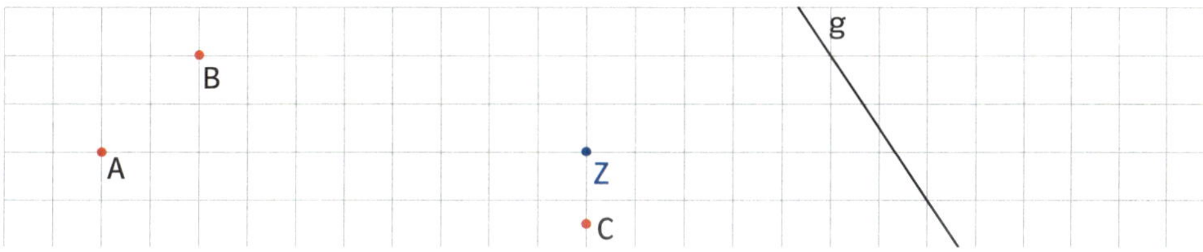

9 Gegeben sind Punkt und Spiegelpunkt. Zeichne jeweils das Zentrum Z ein.

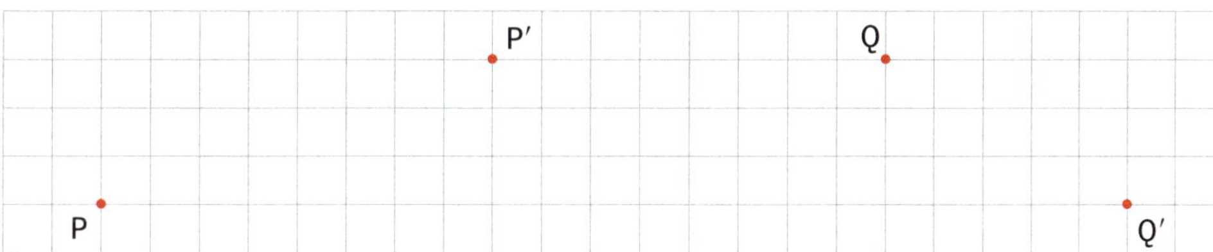

10 Spiegle die Figur ABCD am Zentrum Z_1; die Figur EFGH am Zentrum Z_2.

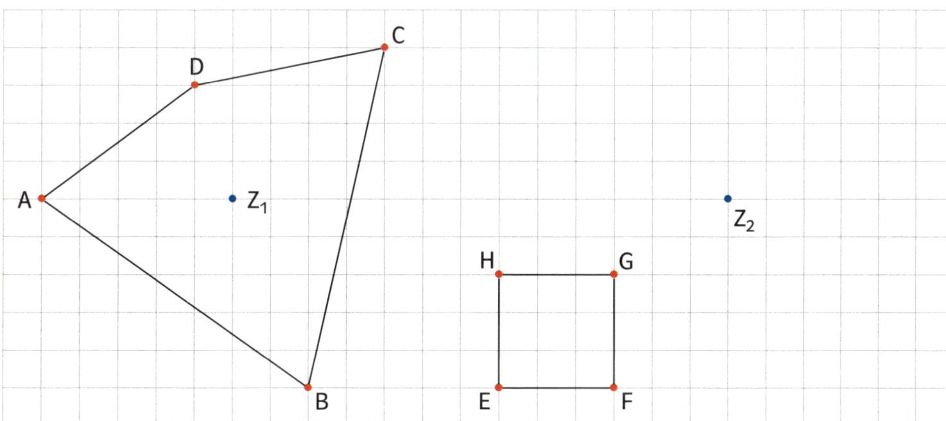

8.4 Punktsymmetrische Figuren

Regel

Eine Figur ist **punktsymmetrisch**, wenn man die Figur durch Spiegelung an einem Zentrum Z auf sich selbst abbilden kann.
Eine Figur kann höchstens **ein Symmetriezentrum** haben.

11 Zeichne, wenn möglich, das Symmetriezentrum ein.

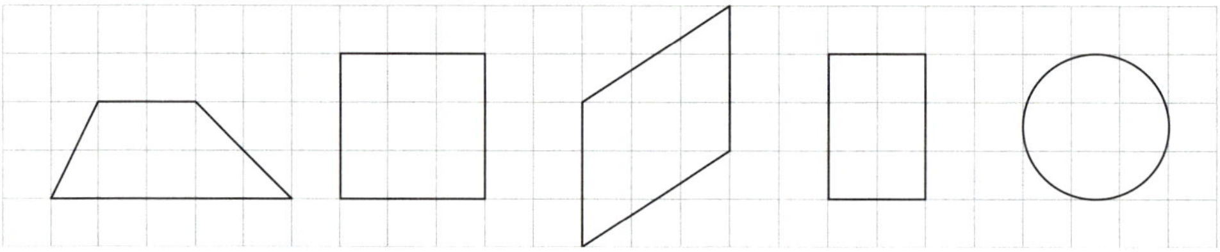

12 Vervollständige zu punktsymmetrischen Figuren.

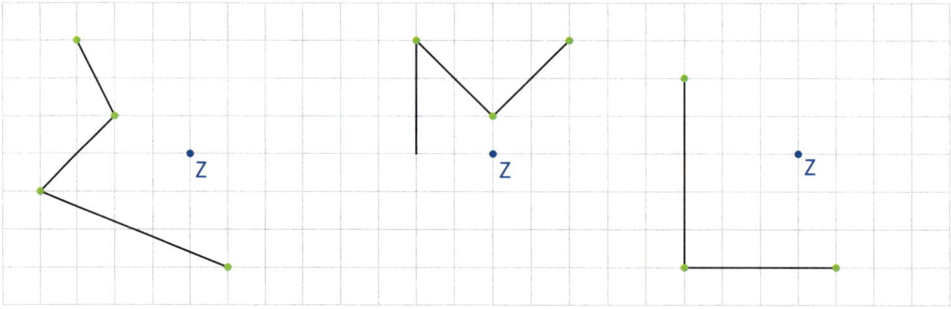

8.5 Der Umlaufsinn

Regel

Der **Umlaufsinn** einer mathematischen Figur heißt
- **positiv**, wenn die Reihenfolge der Punkte gegen den Uhrzeigersinn verläuft;
- **negativ**, wenn die Reihenfolge der Punkte im Uhrzeigersinn verläuft.

Üblicherweise ist in der Mathematik der Umlaufsinn immer positiv.

13 Verändern Punkt- und Achsenspiegelungen den Umlaufsinn einer Figur?
(Vergleiche dazu die Lösungen zu Aufgabe 4 und 10 auf Seite 131 und 132.)

78 Wie spiegelt man einen Punkt P an einer Geraden g?

79 Wie führt man eine Achsenspiegelung einer Geraden durch?

80 Sind Quadrate achsensymmetrisch?

81 Sind Dreiecke achsensymmetrisch?

82 Wann ist eine ebene Figur punktsymmetrisch zum Zentrum Z?

83 Wie viele Symmetrieachsen hat ein gleichseitiges Dreieck?

84 Sind Quadrate punktsymmetrisch? Wenn ja, wo liegt das Zentrum?

85 Verändert sich beim Dreieck durch Achsenspiegelung sein Flächeninhalt?

86 Kann man bei einer Punktspiegelung, wenn man einen Punkt und seinen Bildpunkt kennt, das Zentrum der Spiegelung bestimmen?

87 Wann spricht man bei einem Vieleck von einem positiven Umlaufsinn?

88 Verändert ein Dreieck bei einer Geradenspiegelung seinen Umlaufsinn?

__/7 **1** Untersuche die Buchstaben und Zahlen auf Symmetrie.
Zeichne gegebenenfalls die Achsen und das Zentrum ein.

	I	W	O	E	H	S	3
punktsymmetrisch							
achsensymmetrisch							
mehrere Achsen							

__/7 **2** Skizziere die Figuren und zeichne, wenn möglich, Symmetrieachsen und Symmetriezentren ein. Fülle dann die Tabelle aus.

Figur	**Anzahl der Symmetrieachsen**	**Punktsymmetrie**
Quadrat		
gleichseitiges Dreieck		
Rechteck		
Trapez		
Raute		
Parallelogramm		
Drachen		

3 a) Spiegle das Dreieck ABC zunächst an g und dann das entstandene Bild an Z. (ABC → A′B′C′ → A″B″C″) ___/4

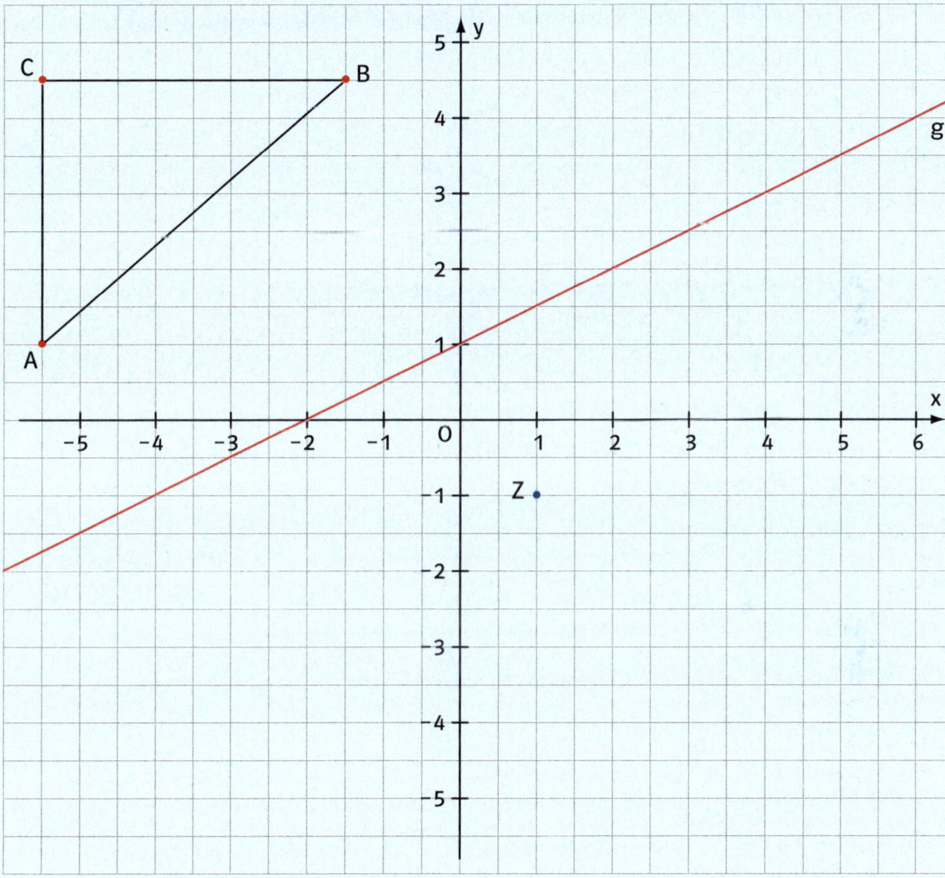

b) Wie wird Umlaufsinn des Dreiecks durch die Spiegelung beeinflusst? ___/4

ABC → A′B′C′: ____________________

A′B′C′ → A″B″C″: ____________________

c) Berechne Umfang und Flächeninhalt der Dreiecke. ___/6

Dreieck	ABC	A′B′C′	A″B″C″
Umfang			
Flächeninhalt			

Was fällt auf? ____________________

Gesamtpunktzahl ___/28

9 Daten erheben und auswerten

Wir können zwar nicht in die Zukunft schauen, aber mit etwas Erfahrung und ausreichend aussagekräftigen Daten lassen sich viele in die Zukunft weisende Entscheidungen besser einschätzen.
- **Soll eine Straße nun vier-, drei- oder zweispurig gebaut werden?**
- **Soll die Autofirma eher einen Kleinwagen bauen oder wäre ein Geländewagen besser zu verkaufen?**

9.1 Grundbegriffe der Datenerhebung

Regel

Folgende Begriffe sind wichtig:
- **Zufallsexperiment** - wiederholbarer Vorgang (Befragung, Versuch) bei dem genau eines von mehreren möglichen Ergebnissen auftreten kann
- **zufälliges Ergebnis/Ereignis** - Ausgang, Ergebnis eines Zufallsexperiments
- **Grundmenge** - Menge aller untersuchbaren Personen, Sachen, Vorgänge …
- **Stichprobe** - Durchführung einer Untersuchung (Teilmenge der Grundmenge)
- **Stichprobenumfang** - Anzahl der Beobachtungen
- **Merkmal** - Eigenschaft, nach der die Stichprobe untersucht wird

Beispiel 1: Befragt werden die Schülerinnen und Schüler einer Schule. Deren Gesamtanzahl wäre die **Grundmenge**. Das **Merkmal**, das untersucht werden soll, ist, wie oft ein Schüler eine Klasse wiederholt hat. Die möglichen **Ergebnisse** sind: gar nicht (null), einmal, zweimal, mehr als zweimal. Befragt man 100 Schüler, führt man eine **Stichprobe** durch, der **Stichprobenumfang** ist dann 100.
Der Vorgang der Befragung entspricht einem **Zufallsexperiment**, da man im Voraus nicht wissen kann, welche Antwort der Befragte geben wird; der Befragte kann nur eine von den vier möglichen Antworten geben (**zufälliges Ergebnis**).

1 Handelt es sich hier um ein **z** zufällige oder **s** sichere Ergebnisse?

a) die Anzahl der Tage von Ostern bis Pfingsten

b) die Augenzahl beim Werfen eines Würfels

c) die gefahrenen Kilometer eines Taxifahrers am Sonntag

d) der Sonnenuntergang am 30. Mai 2008 in Berlin

e) deine nächste Klassenarbeitsnote in Mathematik

f) das Geschlecht bei der Geburt eines Kindes

g) die Anzahl der Sekunden in der Minute

2 Gib bei der Beschreibung der Untersuchung Merkmal, Ergebnisse und Stichprobenumfang an.

a) In der fünften Jahrgangsstufen wird untersucht, wie viele Schultaschen mehr als 10 kg wiegen. Es werden alle 27 Schülerinnen und Schüler der 5 b und alle 30 der 5 c befragt.
b) Man untersucht, wie viele Fernsehgeräte vierköpfige Familien haben.
c) Um festzustellen, ob ein Würfel gefälscht wurde, wird mit ihm 200-mal gewürfelt.
d) Der Bahnhof in Reutlingen hat drei Bahnsteige. Täglich kommen 35 Züge an. Man untersucht die Auslastung der Bahnsteige, indem man alle dort ankommende Züge eines Tages notiert.

	Merkmal	Stichprobenumfang	mögliche Ergebnisse
a)			
b)			
c)			
d)			

3 Gib bei den folgenden Merkmalen die möglichen Ergebnisse so an, dass bei jeder Beobachtung ganz genau ein Ergebnis eintritt (Intervalle wie zum Beispiel: weniger als 1 Stunde, zwischen 1 und 2 Stunden, …) sind erlaubt:

Grundmenge	Münzen	Schüler/innen im Gymnasium	Schüler/innen in Adorf	Tennisspiele
Merkmal	Lage nach dem Werfen	mit welchen Verkehrsmittel kommen sie zur Schule?	durchschnittlicher Zeitaufwand für die tägliche Hausaufgabe	Anzahl der Sätze bei drei Gewinnsätzen
Ergebnisse				

Regel

- Notiert man die Ergebnisse eines Zufallsexperiments in der beobachteten Reihenfolge, erhält man eine **Urliste**. Ordnet man diese nach der Größe, erhält man eine **geordnete Urliste** (Rangliste)
- In einer **Strichliste** wird, **nach Ergebnissen geordnet**, über Striche dargestellt, wie oft diese Ergebnisse auftraten.
- Als Zahl geschrieben erhält man aus der Strichliste die **absolute Häufigkeit**, sie gibt an, wie oft jeder Listenwert (jedes Ergebis) vorkommt.
- Teilt man die absolute Häufigkeit durch den Stichprobenumfang erhält man die **relative Häufigkeit** des Ereignisses, sie wird oft in Prozent angegeben.

Beispiel 2: Annika kommt auf ihrem Schulweg an fünf Ampeln vorbei. Sie notiert die Anzahl der roten Ampeln an 15 Tagen.

Merkmal: Anzahl der roten Ampeln; Ergebnisse: 0, 1, 2, 3, 4, 5; Stichprobenumfang: 15

Urliste: 5, 3, 3, 3, 2, 0, 1, 5, 3, 3, 2, 4, 4, 3, 3,

Strichliste und Häufigkeitstabelle:

Ergebnis	0	1	2	3	4	5
Anzahl	I	I	II	~~IIII~~ I	II	II
absolute Häufigkeit	1	1	2	6	2	2
relative Häufigkeit	$\frac{1}{15}$	$\frac{1}{15}$	$\frac{2}{15}$	$\frac{6}{15}$	$\frac{2}{15}$	$\frac{2}{15}$

4 Erstelle aus der Urliste eine Strichliste und Häufigkeitstabelle.

a) Alis Noten in den Hauptfächern: 1, 2, 2, 1, 4, 5, 1, 2, 3, 3, 3, 4, 1, 5, 5, 1, 2, 3, 2, 3

Ergebnis	1	2	3	4	5	6
Anzahl						
absolute Häufigkeit						
relative Häufigkeit						

b) Preis einer Brezel bei den Bäckern der Stadt (in Cent): 55, 56, 60, 55, 58, 55, 55, 58, 59, 60, 60, 60, 58, 55, 55, 60, 60, 58, 59, 60

Ergebnis						
Anzahl						
absolute Häufigkeit						
relative Häufigkeit						

9.2 Grafische Darstellung von Häufigkeiten

Regel

Als Beispiel dient eine Untersuchung, bei der sechs Personen befragt wurden, dabei trat das Merkmal a zweimal, b dreimal und c einmal auf. Die absoluten Häufigkeiten sind hier unterschiedlich dargestellt:

<table>
<tr><th></th><th>Beschreibung</th><th>Beispiel</th><th>Vorteil/Nachteil</th></tr>
<tr><td>Tabelle</td><td>• sinnvolle Auflistung (zum Beispiel der Größe nach)
• Ereignisse und die dazugehörige Häufigkeiten werden aufgelistet</td><td><table><tr><th>Ergebnis</th><th>a</th><th>b</th><th>c</th></tr><tr><td>absolute Häufigkeit</td><td>2</td><td>3</td><td>1</td></tr></table></td><td>• nach Abzählen der Strichliste kein weiterer Schritt notwendig
• nicht sehr übersichtlich
• Größenverhältnisse nicht auf einen Blick erkennbar</td></tr>
<tr><td>Piktogramm</td><td>• Die Größen, hier die absoluten Häufigkeiten, werden durch Bildsymbole dargestellt.
• Man wählt dem Problem nahe Symbole, die auch nur anteilig gezeichnet werden können</td><td>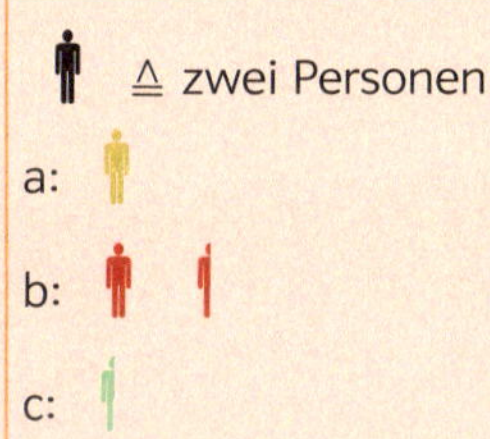</td><td>• anschaulich
• auf einen Blick erkennbar
• meist relativ ungenau, da feine Unterschiede nicht sichtbar werden</td></tr>
<tr><td>Kreisdiagramm</td><td>• Stichprobenumfang entspricht dem Vollkreis
• Kreissektoren entsprechen im Verhältnis den Ergebnissen</td><td>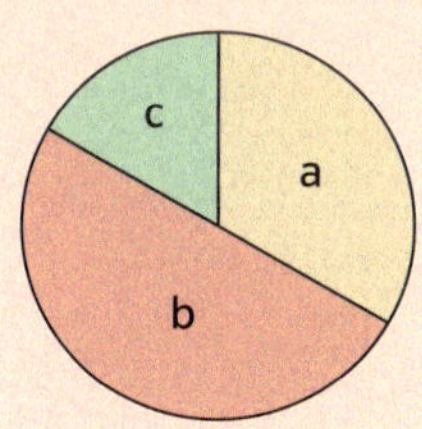</td><td>• Aufteilung und Größenvergleich auf einen Blick sichtbar.
• sehr übersichtlich
• nur bei wenigen verschiedenen Ergebnissen sinnvoll, sonst wird das Kreisdiagramm unübersichtlich</td></tr>
<tr><td>Säulendiagramm</td><td>• Die vorkommende Ergebnisse werden auf der x-Achse aufgelistet.
• Die Höhe der Säulen entspricht den Häufigkeiten.</td><td>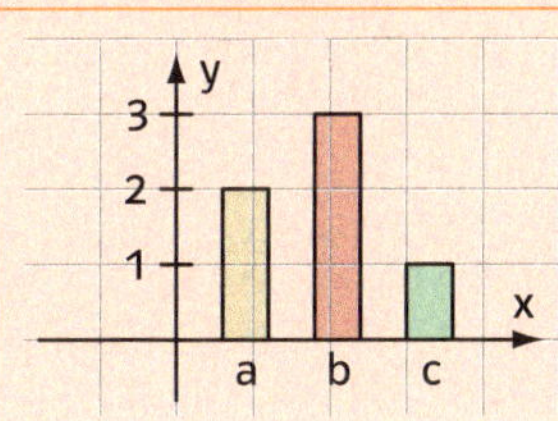</td><td>• sehr übersichtlich
• Vergleich und Größenverhältnisse sind gut sichtbar
• etwas größerer Arbeitsaufwand als bei der Tabelle
• keine großen Nachteile</td></tr>
</table>

Erstellung eines Kreisdiagramms:

Der Vollwinkel von 360° entspricht allen Beobachtungen (hier: 360° ≙ 6);

die Kreissegmente entsprechen den (realtiven) Anteilen, also hier:

$a \triangleq \frac{2}{6}$ von $360° = \frac{2}{6} \cdot 360° = 120°$; $b = \frac{3}{6} \cdot 360° = 180°$; $c = \frac{1}{6} \cdot 360° = 60°$

(→ Seite 43)

5 Bei einer Verkehrsbefragung erhält man folgende Strichliste:

Fahrten zur oder von der Arbeitsstätte (z)	beruflich bedingte Fahrt (a)	private Fahrten (p)	Sonstiges (s)
卌 卌 卌 卌 |||	卌 卌 卌 卌 卌 卌 |	卌 ||	卌

Zeichne dazu ein Kreis- und ein Säulendiagramm.

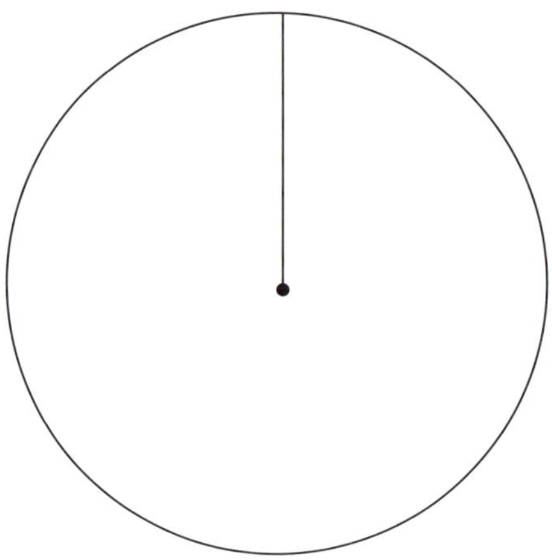

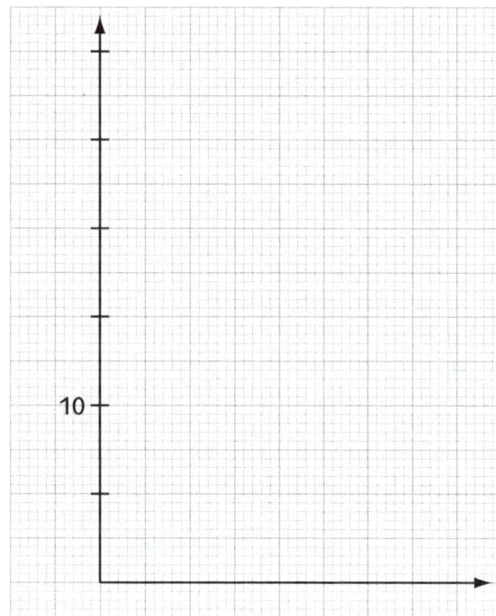

Tipp: Berechne die Winkel mit dem Taschenrechner und runde die Werte.
Platz für Nebenrechnungen:

9.3 Arithmetisches Mittel, Median und Modalwert

Regel

Statistische Kenngrößen

- **Das arithmetische Mittel Ø** (Mittelwert, Durchschnitt) wird berechnet, indem man alle Werte der Ergebnisse addiert und durch den Stichprobenumfang dividiert. Dabei müssen die Ergebnisse Zahlenwerte sein. Etwas schneller geht die Berechnung meist über die Summen der Produkte aus absoluter Häufigkeit mal Ergebnis (siehe Beispiel).
- Der **Median** (Zentralwert): Bei einer geordneten Urliste (Rangliste) heißt bei ungeradem Stichprobenumfang der in der Mitte liegende Wert Median. Bei geradem Stichprobenumfang liegt der Median in der Mitte der beiden mittleren Ergebnisse a und b: $\frac{1}{2} \cdot (a + b)$.
- Der **Modalwert** ist der am häufigsten vorkommende Wert, also der Wert, bei dem die absolute Häufigkeit ihren größten Wert annimmt. Nehmen mehrere Ergebnisse diesen größten Wert an, gibt es mehrere Modalwerte.

Beispiel 3: Urliste der Ergebnisse beim 10-maligen Würfeln: 1, 4, 4, 3, 6, 2, 1, 2, 4, 3
Stichprobenumfang: 10
arithmetisches Mittel: Ø = (1 + 4 + 4 + 3 + 6 + 2 + 1 + 2 + 4 + 3) : 10 = 30 : 10 = **3**

Ergebnis	1	2	3	4	5	6
absolute Häufigkeit	2	2	2	3	0	1

oder: Ø = (1 · 2 + 2 · 2 + 3 · 2 + 4 · 3 + 6 · 1) : 10 = 30 : 10 = **3**
Median: geordnete Urliste: 1, 1, 2, 2, 3, | 3, 4, 4, 4, 6; $\frac{1}{2} \cdot (3 + 3) = \mathbf{3}$
Modalwert: Der am häufigsten (3-mal) vorkommende Wert ist die **4**.

6 An zwölf aufeinanderfolgenden Tagen wird an zwei Orten die Tagestiefsttemperatur gemessen:
A-Dorf: −5 °C; −6 °C; −4 °C; 0 °C; −3 °C; 0 °C; 0 °C; −1 °C; 3 °C; 7 °C; 5 °C; 5 °C
B-Stadt: −3 °C; −3 °C; −1 °C; 2 °C; 0 °C; 1 °C; 0 °C; 2 °C; 5 °C; 9 °C; 7 °C; 6 °C
Erstelle eine geordnete Urliste und fülle dann die Tabelle aus.

A-Dorf: ______________________________

B-Stadt: ______________________________

	arithmetisches Mittel	Median	Modalwert
A-Dorf			
B-Stadt			

89 Von den 220 Mitgliedern eines Reitvereins wurden 68 befragt. Wie groß sind Grundmenge und Stichprobenumfang bei dieser Datenerhebung?

90 Welches sind die Vor- und Nachteile bei Erhöhung des Stichprobenumfangs?

91 Wie viele und welche Ergebnisse können beim Würfeln auftreten?

92 Wodurch unterscheidet sich eine Urliste von einer geordneten Urliste?

93 Was besagt die „absolute Häufigkeit" eines Ergebnisses?

94 Wie berechnet man die relative Häufigkeit eines Ergebnisses?

95 Gib vier Möglichkeiten an, wie absolute Häufigkeiten grafisch dargestellt werden können.

96 Was versteht man unter dem arithmetischen Mittel? Wie wird es berechnet?

97 Was ist ein Median?

98 Was ist ein Modalwert?

99 Warum kann *eine* statistische Untersuchung mehrere Modalwerte haben?

1 Bei einer Umfrage, wie viele Fernsehgeräte pro Haushalt vorhanden sind, ergab sich in der Maierstraße folgende Urliste: ___/7

0; 1; 1; 3; 1; 1; 4; 2; 2; 3; 1; 3; 0; 0; 3; 2; 4; 1; 2; 0.

a) Wie hoch war der Stichprobenumfang? ______

b) Welches Merkmal wurde untersucht? ______

c) Welche Ergebnisse traten bei der Untersuchung auf? ______

______

d) Erstelle eine Tabelle der absoluten Häufigkeiten.

e) Gib den Mittelwert an. ______

f) Berechne den Zentralwert. ______

g) Gib den Modalwert an. ______

2 Vervollständige die Darstellungen in der Tabelle. ___/6

a) Ergebnisse beim Fußballspiel nach 30 Spielen: Sieg (s); Unentschieden (u), Verlieren (v)

b) Anzahl der Augenzahlen beim 40-maligem Werfen eines Würfels

<table>
<tr><th></th><th>Tabelle</th><th>Säulendiagramm</th><th>Piktogramm</th><th>Kreisdiagramm</th></tr>
<tr><td>a)</td><td><table><tr><td>s</td><td>u</td><td>v</td></tr><tr><td>20</td><td>5</td><td>5</td></tr></table></td><td>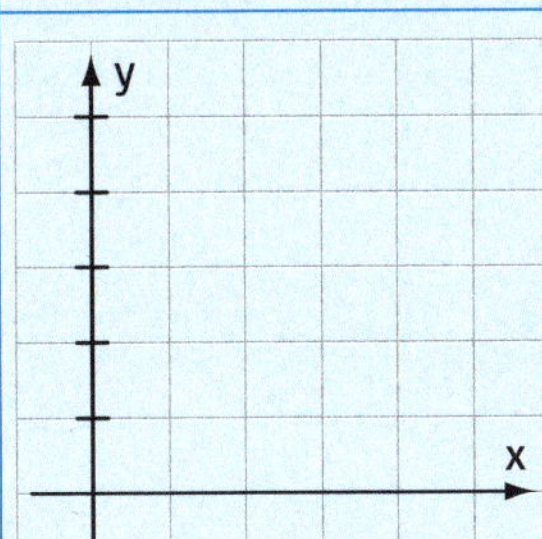
</td><td></td><td>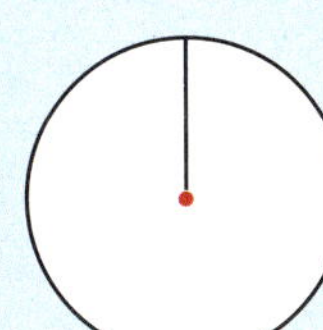</td></tr>
<tr><td>b)</td><td><table><tr><td>1</td><td></td></tr><tr><td>2</td><td></td></tr><tr><td>3</td><td></td></tr><tr><td>4</td><td></td></tr><tr><td>5</td><td></td></tr><tr><td>6</td><td></td></tr></table></td><td>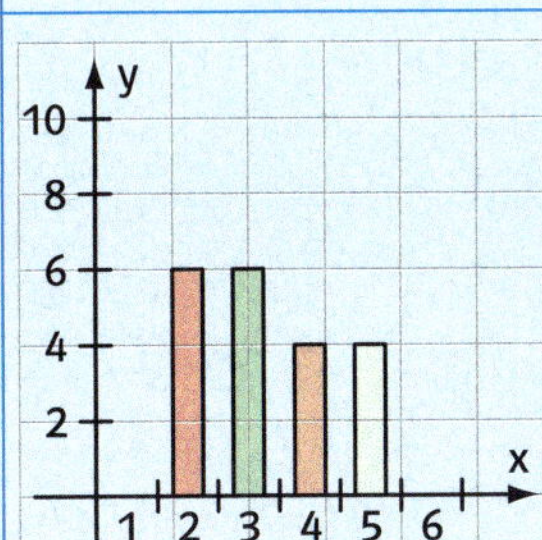
</td><td></td><td>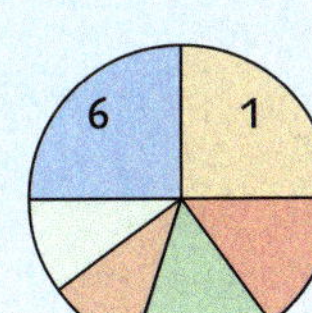
</td></tr>
</table>

Gesamtpunktzahl ___/13

Allgemeine Hinweise zum Abschlusstest

Leider ist es nicht möglich, einen allgemeingültigen Notenschlüssel vorzugeben. Er wechselt von Schule zu Schule, von Bundesland zu Bundesland. Damit du deine Leistung einschätzen kannst, gibt es folgende Orientierungspunkte:

- Wenn du mehr als 80 Prozent der Gesamtpunktzahl erreicht hast, ist dein Ergebnis gut oder besser.
- Wenn du mehr als 50 Prozent der Gesamtpunktzahl erreicht hast, ist dein Ergebnis ausreichend oder befriedigend.
- Wenn du weniger als 50 Prozent der Gesamtpunktzahl erreicht hast, ist dein Ergebnis nicht mehr ausreichend. Du solltest dann die Regeln und Aufgaben, bei denen du viele Fehler gemacht hast, noch einmal genau nachlesen und üben.

100 bis ca. 80 Prozent	ca. 79 bis ca. 50 Prozent	unter ca. 50 Prozent
sehr gut bis gut	befriedigend bis ausreichend	nicht mehr ausreichend

Kapitel 1: Natürliche Zahlen

Seite 6/7

1 a) zweihundert
b) achthundertneunundvierzig
c) eintausendzweihundertvierundfünfzig
d) dreihundertsiebenundfünfzigtausendeinhundertvier
e) zehn Millionen dreihundertzweiundneunzigtausendachthundertfünfundfünfzig

Seite 7

2 a) 427 b) 305 411 c) 4 500 003 d) 57 812 e) 9099

3 kleinste Zahl: 13 579, größte Zahl: 97 531

4 kleinste Zahl: 1 000 000 – eine Million; größte Zahl: 9 999 999 – neun Millionen neunhundertneunundneunzigtausendneunhundertneunundneunzig

Seite 8/9

5					
a)	A = 20	B = 35	C = 50	D = 75	E = 100
b)	A = 100	B = 250	C = 600	D = 800	E = 1050
c)	A = 10 000	B = 25 000	C = 52 000	D = 77 000	E = 95 000
d)	A = 620	B = 635	C = 652	D = 676	E = 703
e)	A = 21 000	B = 22 500	C = 25 000	D = 26 200	E = 28 700

Seite 9

6

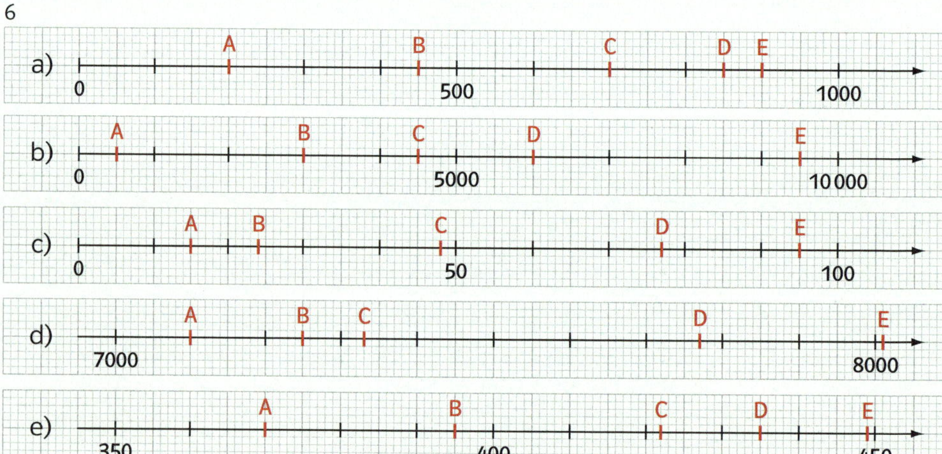

7 Seite 10

	Billionen			Milliarden			Millionen			Tausender					
										HT	ZT	T	H	Z	E
	10^{14}	10^{13}	10^{12}	10^{11}	10^{10}	10^{9}	10^{8}	10^{7}	10^{6}	10^{5}	10^{4}	10^{3}	10^{2}	10^{1}	10^{0}
a)					4	0	0	2	1	3	0	4	3	7	0
b)			1	0	0	1	1	0	0	1	0	1	1	1	0
d)								7	6	5	4	3	2	1	0
d)			5	0	0	0	0	0	0	0	0	0	3	8	4
e)						7	0	0	3	0	0	0	0	1	1

8 Seite 11

Vorgänger (n − 1)	345	278	12 450	32 999	999 999	249 998
Zahl (n)	346	279	12 451	33 000	1 000 000	249 999
Nachfolger (n + 1)	347	280	12 452	33 001	1 000 001	250 000

9 a) 376 < 475 b) 2765 = 2765 c) 1221 < 3241
d) 931 > 391 e) 5776 > 5775 f) 4887 < 4987

10 a) 374 < 437 < 5678 < 6432 < 8915 b) 567 < 765 < 5567 < 7567 < 7765
c) 3499 < 4993 < 9394 < 9439 < 9934

11 Seite 12

	auf Hunderter	auf Tausender	auf Zehntausender
47 849	47 800	48 000	50 000
37 613	37 600	38 000	40 000
52 039	52 000	52 000	50 000
878 499	878 500	878 000	880 000
859 627	859 600	860 000	860 000
1 007 149	1 007 100	1 007 000	1 010 000
376 701	376 700	377 000	380 000
373 486	373 500	373 000	370 000

12 a) 378 500 b) 1 700 000 c) 39 830 d) 572 700 e) 125 000
f) 160 000 g) 400 000 h) 39 890 i) 600 000 j) 100 000

13 a) 5^5 b) 7^3 c) 14^4 d) 9^5 e) 10^6 Seite 13
f) 4^2 g) 1^9 h) 21^3 i) 100^3 j) 2^6

14 a) $7 \cdot 7 \cdot 7 \cdot 7$ b) $12 \cdot 12 \cdot 12 \cdot 12 \cdot 12$ c) $1 \cdot 1 \cdot 1 \cdot 1 \cdot 1 \cdot 1 \cdot 1 \cdot 1 \cdot 1$ d) $9 \cdot 9 \cdot 9$ Seite 14
e) $7 \cdot 7$ f) $4 \cdot 4 \cdot 4 \cdot 4 \cdot 4 \cdot 4 \cdot 4 \cdot 4$ g) $5 \cdot 5 \cdot 5 \cdot 5$
h) $100 \cdot 100$ i) $10 \cdot 10 \cdot 10 \cdot 10 \cdot 10$ j) $3 \cdot 3 \cdot 3 \cdot 3 \cdot 3 \cdot 3 \cdot 3$

15 a) 10 000 b) 1 000 000 c) 10 000 000 d) 1000 e) 100 000 000

16 a) 53 217 b) 7 800 304 c) 9 007 004 020 d) 8916 e) 706 040 200 Seite 15

17 a) $7 \cdot 10^2 + 3 \cdot 10^1 + 6 \cdot 10^0$ b) $4 \cdot 10^4 + 7 \cdot 10^2 + 8 \cdot 10^1 + 5 \cdot 10^0$
c) $9 \cdot 10^6 + 9 \cdot 10^3 + 9 \cdot 10^0$ d) $4 \cdot 10^5 + 5 \cdot 10^4 + 6 \cdot 10^3 + 7 \cdot 10^0$
e) $3 \cdot 10^7 + 2 \cdot 10^6 + 1 \cdot 10^3 + 4 \cdot 10^2$ f) $7 \cdot 10^3 + 7 \cdot 10^2 + 7 \cdot 10^1 + 7 \cdot 10^0$

18 a) 12 b) 755 c) 916 d) 1150 e) 1040 f) 1721 Seite 16

19 a) XVII b) LXXXIII c) CXII d) DXXVII e) IM f) MDIV

20 a)

1 = I	6 = VI	11 = XI	16 = XVI	21 = XXI	26 = XXVI
2 = II	7 = VII	12 = XII	17 = XVII	22 = XXII	27 = XXVII
3 = III	8 = VIII	13 = XIII	18 = XVIII	23 = XXIII	28 = XXVIII
4 = IV	9 = IX	14 = XIV	19 = XIX	24 = XXIV	29 = XXIX
5 = V	10 = X	15 = XV	20 = XX	25 = XXV	30 = XXX

b)

489 = CDLXXXIX	493 = XDIII	497 = XDVII	501 = DI
490 = XD	494 = XDIV	498 = XDVIII	502 = DII
491 = XDI	495 = XDV	499 = ID	503 = DIII
492 = XDII	496 = XDVI	500 = D	504 = DIV

Seite 17

21

Stelle	64er	32er	16er	8er	4er	2er	1er	Dualschreibweise
Stellenwert	$64 = 2^6$	$32 = 2^5$	$16 = 2^4$	$8 = 2^3$	$4 = 2^2$	$2 = 2^1$	$1 = 2^0$	
7					1	1	1	$(111)_2$
18			1	0	0	1	0	$(10010)_2$
21			1	0	1	0	1	$(10101)_2$
44		1	0	1	1	0	0	$(101100)_2$
53		1	1	0	1	0	1	$(110101)_2$
76	1	0	0	1	1	0	0	$(1001100)_2$

22 a) $(1101)_2$ b) $(100010)_2$ c) $(1100100)_2$ d) $(11101)_2$ e) $(1000000)_2$ f) $(1011000)_2$

23 a) 6 b) 10 c) 51 d) 12 e) 15 f) 85

Seite 18

Training plus

1 mit zehn Ziffern

2 99999

3 Die Null hat keinen Vorgänger.

4 größer (>), kleiner (<), gleich (=)

5 Ab 5 rundet man auf.

6 Man vergleicht die Anzahl der Stellen: Die Zahl mit mehr Stellen ist größer.
Haben die Zahlen gleich viele Stellen, ist diejenige größer, bei der am selben Stellenwert zuerst die größere Ziffer erscheint.

7 Exponent; er gibt an, wie oft die Zahl als Faktor auftritt.

8 Das Ergebnis heißt Quadrat dieser Zahl.

9 Jede Potenz mit dem Exponenten Null ist 1.

10 Das Dualsystem, das nur die Ziffern Null und Eins kennt.

11 Die Zahlzeichen I, X und C dürfen höchstens dreimal nacheinander geschrieben werden; die Zeichen V, L und D nur einmal.

Abschlusstest

Seite 19

1

2479	4279	7249	9247
2497	4297	7294	9274
2749	4729	7429	9427
2794	4792	7492	9472
2947	4927	7924	9724
2974	4972	7942	9742

2 a) dreihundertsiebenundfünfzigtausendvierhundertsechsundachtzig
b) eine Million zweihundertsechsundsiebzigtausendfünfhunderteinundvierzig
c) dreihundertsiebenundzwanzig Millionen vierhundertsechsundfünfzigtausendeinhundert
d) sieben Billionen
e) vier Millionen viertausendvier
f)

Billionen			Milliarden			Millionen			Tausender					
									HT	ZT	T	H	Z	E
									3	5	7	4	8	6
								1	2	7	6	5	4	1
						3	2	7	4	5	6	1	0	0
		7	0	0	0	0	0	0	0	0	0	0	0	0
								4	0	0	4	0	0	4

3 a) 3 000 727 b) 9 030 000 004 c) 400 008 d) 7 007 000 007 007 e) 311 412 **Seite 20**

4 A = 150 B = 300 C = 350 D = 475 E = 550
K = 100 L = 250 M = 550 N = 850 O = 900

5

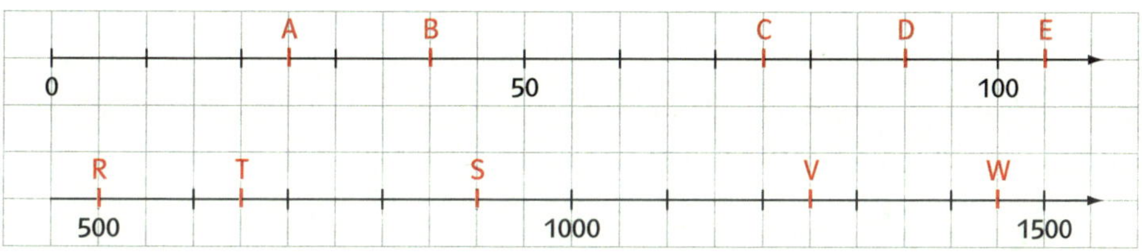

6 a) 3242 > 2342 b) 787 < 877 c) 99 = 99
d) 7842 < 8742 e) 3993 > 3939 f) 545 > 45

7					
Vorgänger	3791	8498	999	7 598 599	999 997
Zahl	3792	8499	1000	7 598 600	999 998
Nachfolger	3793	8500	1001	7 598 601	999 999

8 a) 2784 ≈ 2780 b) 37 693 ≈ 38 000 c) 27 946 ≈ 28 000 **Seite 21**
d) 999 ≈ 1000 e) 121 ≈ 120 f) 849 ≈ 800

9 a) 7^3 b) 9^5 c) 2^3 d) 10^4 e) 1^7 f) 6^4

10 a) $9\cdot9\cdot9\cdot9\cdot9$ b) $4\cdot4\cdot4\cdot4\cdot4\cdot4\cdot4\cdot4$ c) $7\cdot7\cdot7$
d) $10\cdot10\cdot10\cdot10$ e) $7\cdot7\cdot7\cdot7\cdot7\cdot7$ f) $6\cdot6$

11 a) 10 000 b) 1000 c) 1 000 000

12 a) 705 200 b) 302 007

13 a) $9\cdot10^5 + 2\cdot10^3 + 4\cdot10^2$ b) $7\cdot10^3 + 3\cdot10^2 + 2\cdot10^1 + 1\cdot10^0$

14 a) 1666 b) 96 c) 29 d) 219

69 – 55 Punkte	54 – 35 Punkte	unter 35 Punkte
sehr gut bis gut	befriedigend bis ausreichend	nicht mehr ausreichend

Kapitel 2: Rechnen mit natürlichen Zahlen

Seite 22

1 a) 65 b) 126 c) 119 d) 115 e) 98 f) 175

2 a) 21 649 b) 652 798 c) 61 292

Seite 23

3 a) 137 b) 78 c) 236 d) 235 e) 325 f) 256

4 a) 107 b) 177 c) 272

5 **315 + 185** = 500 **412 + 88** = 500 **219 + 281** = 500;
173 + 327 = 500 **78 + 422** = 500 **343 + 157** = 500

6 a) 18 b) 42 c) 91 d) 38 e) 48 f) 41

Seite 24

7 a) 40 b) 41 c) 22

8

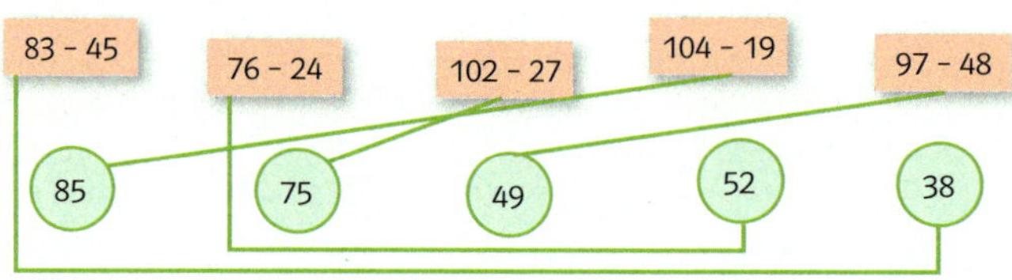

9 a) 14 909 b) 77 885 c) 11 041 d) 18 631 e) 25 112 f) 55 555

10 a) 543 b) 5400 c) 9025 d) 19 196

11 80 km - 27 km - 36 km = 17 km; sie müssen bis zum Ziel **noch 17 km** fahren.

Seite 25

12 a) 108 b) 36 c) 126 d) 85 e) 117 f) 119
g) 120 h) 108 i) 133 j) 65 k) 76

13 a) Ü: 300 · 20 = 6000; **6504** b) Ü: 300 · 50 = 15 000; **15 087** c) Ü: 50 · 60 = 3000; **2736**
d) Ü: 500 · 80 = 40 000; **36 556** e) Ü: 100 · 90 = 9000; **8245** f) Ü: 300 · 90 = 27 000; **25 116**

Seite 26

14 a) 340 b) 5700 c) 3600 d) 190 e) 840
f) 420 g) 4100 h) 5300 i) 700 j) 1200

15 24 · 6 € = 144 €; sie sammelt **144 €** ein.

Seite 28

16

teilbar	34 780	27 918	54 225	3600	2740	5214	3375	9450	9872	645 000
durch 2	×	×		×	×	×		×	×	×
durch 3		×	×	×		×	×	×		×
durch 4	×			×	×				×	×
durch 5	×		×	×	×		×	×		×
durch 6		×		×		×		×		×
durch 8				×					×	×
durch 9		×	×	×			×	×		
durch 10	×			×	×			×		×

17

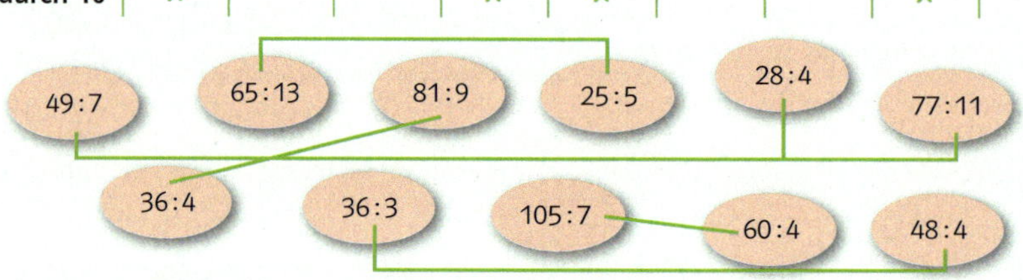

18 a)
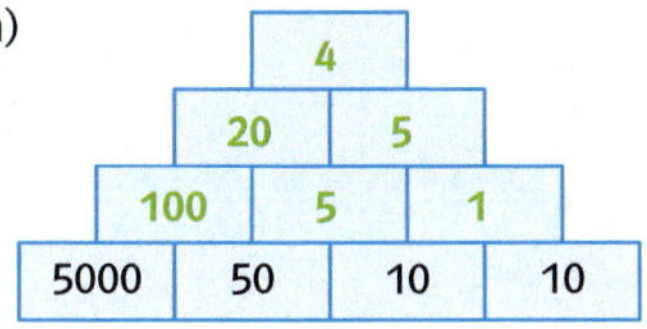

b)
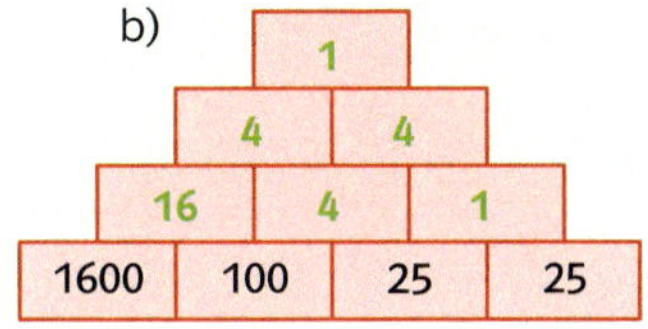

19 a) 9 b) 9 c) 8 d) 8 e) 7 f) 7
g) 13 h) 14 i) 7 j) 9 k) 5 l) 8

20 a) Ü: 3600 : 4 = 900; **946** b) Ü: 7500 : 5 = 1500; **1539** c) Ü: 2700 : 9 = 300; **315** **Seite 29**
d) Ü: 4800 : 6 = 800; **787** e) Ü: 4000 : 8 = 500; **534** f) Ü: 7000 : 14 = 500; **563**
g) Ü: 4500 : 15 = 300; **325** h) Ü: 7500 : 25 = 300; **317** i) Ü: 6800 : 17 = 400; **421**
j) Ü: 5400 : 18 = 300; **346**

21 a) TAFEL b) SCHULE

22 150 € : 25 = 6 €; jeder Teilnehmer zahlt **6 €**.

23 a) 160 b) 79 c) 8 d) 200 e) 101 **Seite 30**
f) 155 g) 87 h) 36 i) 6 j) 20

24 a) 236 142 b) 688 095 c) 3843 d) 62

25
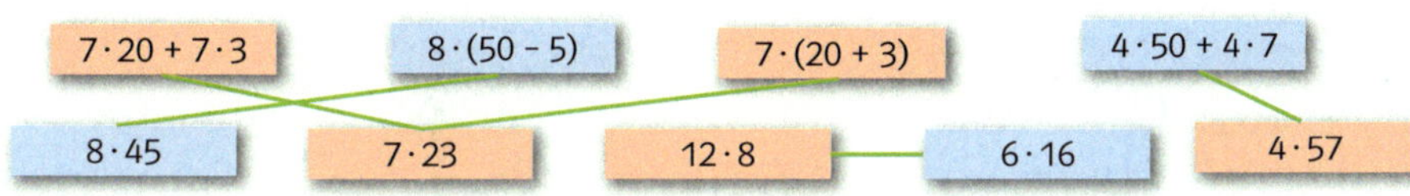

26 a) 350 b) 360 d) 600 d) 480 e) 280 **Seite 31**

27 a) 608 b) 372 c) 435 d) 342
e) 222 f) 468 g) 384 h) 483

28 a) 6700 mm b) 3500 cm c) 110 dm d) 780 dm e) 40 cm f) 15 000 m **Seite 32**

29 a) 83 cm b) 94 dm c) 125 km d) 34 km e) 425 dm f) 14 m

30 a) 80 m b) 236 m c) 495 mm d) 7444 mm

31 a) 75 000 mg b) 27 000 kg c) 3000 kg d) 7000 kg e) 34 000 g f) 13 000 mg **Seite 33**

32 a) 5 kg b) 35 t c) 78 g

33 a) 89 kg b) 7 kg c) 4200 g d) 41 500 mg e) 2 t f) 231 kg

34 a) 1500 ct b) 3,20 € c) 0,45 € d) 3,33 € f) 0,15 € f) 400 ct **Seite 34**

35 a) 3 € 54 ct b) 0 € 27 ct c) 8 € 4 ct d) 2 € 75 ct e) 4 € 86 ct f) 0 € 52 ct

36 a) 240 s b) 192 h c) 7 h d) 24 Monate
e) 11 min f) 3 d g) 35 d h) 210 d

Training plus **Seite 35**

12 a + b = b + a; in Summen dürfen die Summanden vertauscht werden.

13 z. B.: (1 + 2) + 3 = 1 + (2 + 3); in Summen mit mehreren Summanden dürfen Klammern beliebig gesetzt oder weggelassen werden.

14 a · b = b · a; in Produkten dürfen die Faktoren vertauscht werden.

15 Ich verwende das **Assoziativgesetz** (in Produkten mit mehreren Faktoren dürfen Klammern beliebig gesetzt werden) wegen des Rechenvorteils: (27 · 5) · 20 = 27 · (5 · 20) = 27 · 100 = 2700

16 a · (b + c) = a · b + a · c; man nutzt es, um Summen und Differenzen zu multiplizieren.

17 a) Summe b) Differenz c) Quotient d) Produkt

18 Wenn an ihrer letzten Stelle eine 0 oder eine 5 steht.

19 Primzahlen.

20 Erst die Klammern, dann die Multiplikationen, dann die Subtraktionen.

21 Die Maßzahl wird größer.

22 Die Maßzahl wird mit dem Faktor 1000 multipliziert.

Abschlusstest

Seite 36 1 a) 45 623 b) 177 756 c) 606 052

2 a) 25 b) 15

3 a) 12 411 b) 11 562

4 a) 300 b) 270 c) 640 d) 490

Seite 37 5 a) 825 b) 9205 c) 340 d) 24

6 Marcel bezahlt $1{,}59\,€ + 2 \cdot 0{,}79\,€ + 5{,}49\,€ + 4 \cdot 28\,€ =$ **9,78 €**.

7 Die Farm verkauft $500 \cdot 6$ Eier $\cdot\, 4 =$ **12 000 Eier**.

8 a) Der Gepard braucht $480\,\text{m} : 32\,\frac{\text{m}}{\text{s}} =$ **15 s**.
b) In einer Minute würde er **1920 m** zurücklegen (wenn er dieses hohe Tempo so lange halten könnte).

9 In einer Schulwoche fährt sie $8\,\text{km} \cdot 2 \cdot 5 =$ **80 km**.

10 Rügen hat eine Fläche von ca. $30 \cdot 31\,\text{km}^2 =$ **930 km²**.

39 – 31 Punkte	30 – 20 Punkte	unter 20 Punkte
sehr gut bis gut	befriedigend bis ausreichend	nicht mehr ausreichend

Kapitel 3: Bruchrechnen

Aufgaben

Seite 38 1 a) $\frac{3}{9}\left(=\frac{1}{3}\right)$ b) $\frac{3}{4}$ c) $\frac{1}{9}$ d) $\frac{6}{20}\left(=\frac{3}{10}\right)$ e) $\frac{11}{12}$

Seite 39 2 *Ein* Fünftel von 20 sind $20 : 5 = 4$, *drei* Fünftel also $3 \cdot 4 =$ **12 Mädchen**.

3 Es gibt verschiedene Lösungen, die Anzahl der (halben) Quadrate muss stimmen.

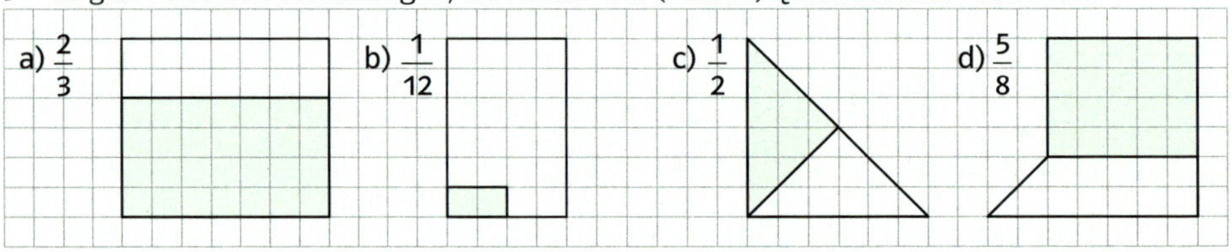

4

Bruch	$\frac{3}{4}$	$\frac{4}{3}$	$1\frac{2}{3}$	$\frac{7}{2}$	$\frac{3}{7}$	$4\frac{1}{2}$	$\frac{24}{5}$	$6\frac{1}{6}$	$\frac{3}{8}$
Art	echt	unecht	gemischt	unecht	echt	gemischt	unecht	gemischt	echt
umgeschrieben	–	$1\frac{1}{3}$	$\frac{5}{3}$	$3\frac{1}{2}$	–	$\frac{9}{2}$	$4\frac{4}{5}$	$\frac{37}{6}$	–

Seite 40

5									
Bruchzahl	$\frac{4}{8}$	$\frac{26}{10}$	$\frac{8}{2}$	$1\frac{4}{6}$	$\frac{32}{100}$	$\frac{16}{8}$	$\frac{3}{10}$	$\frac{2}{10}$	$\frac{28}{52}$
durch 2 gekürzt	$\frac{2}{4}$	$\frac{13}{5}$	$\frac{4}{1} = 4$	$1\frac{2}{3}$	$\frac{16}{50}$	$\frac{8}{4}$	geht nicht	$\frac{1}{5}$	$\frac{14}{26}$
mit 3 erweitert	$\frac{12}{24}$	$\frac{78}{30}$	$\frac{24}{6}$	$1\frac{12}{18}$	$\frac{96}{300}$	$\frac{48}{24}$	$\frac{9}{30}$	$\frac{6}{30}$	$\frac{84}{156}$

6 a) $\frac{3}{2} = \frac{54}{36}$ b) $\frac{1}{2} = \frac{18}{36}$ c) $\frac{7}{6} = \frac{42}{36}$ d) $1\frac{1}{4} = \frac{45}{36}$

7 a) $\frac{36}{8} = \frac{9}{2}$ b) $\frac{12}{15} = \frac{4}{5}$ c) $\frac{100}{60} = \frac{5}{3}$ d) $\frac{33}{77} = \frac{3}{7}$

8 a) 35 b) 8 c) 36 d) 10

9 Hauptnenner: 60; $\frac{40}{60}; \frac{36}{60}; \frac{30}{60}; \frac{24}{60}; \frac{45}{60}; \frac{20}{60}; \frac{48}{60}; \frac{15}{60}; \frac{12}{60} \Rightarrow \frac{1}{5} < \frac{1}{4} < \frac{1}{3} < \frac{2}{5} < \frac{1}{2} < \frac{3}{5} < \frac{2}{3} < \frac{3}{4} < \frac{4}{5}$ — Seite 41

10 a) $\frac{13}{15}$ b) $\frac{7}{15}$ c) $\frac{7}{6} = 1\frac{1}{6}$ d) $\frac{1}{6}$ e) $\frac{181}{90} = 2\frac{1}{90}$ f) $\frac{19}{90}$
g) $\frac{11}{10} = 1\frac{1}{10}$ h) $\frac{1}{10}$ i) $\frac{24}{35}$ j) $\frac{4}{35}$ k) $\frac{73}{12} = 6\frac{1}{12}$ l) $\frac{31}{12} = 2\frac{7}{12}$
m) $4\frac{3}{7}$ n) $4 - \frac{3}{7} = \frac{4}{1} - \frac{3}{7} = \frac{28-3}{7} = \frac{25}{7} = 3\frac{4}{7}$ o) $\frac{3}{2} + 1 = 1 + 1 + \frac{1}{2} = 2\frac{1}{2}$
p) $\frac{3}{2} - 1 = 1\frac{1}{2} - 1 = 1 + \frac{1}{2} - 1 = \frac{1}{2}$; oder: $\frac{3}{2} - 1 = \frac{3}{2} - \frac{2}{2} = \frac{1}{2}$

11 a) $\frac{3}{5} \cdot \frac{7}{2} = \frac{21}{10} = 2\frac{1}{10}$ b) $\frac{9}{8} \cdot \frac{4}{3} = \frac{36}{24} = \frac{3}{2}$ c) $\frac{8}{9} \cdot \frac{4}{3} = \frac{32}{27}$ — Seite 42
d) $\frac{100}{9} \cdot \frac{27}{60} = \frac{2700}{540} = \frac{1}{5} = 5$ e) $\frac{2}{5} \cdot \frac{3}{2} \cdot \frac{7}{3} = \frac{42}{30} = \frac{7}{5}$ f) $\frac{3}{8} \cdot \frac{20}{7} = \frac{60}{56} = \frac{15}{14}$
g) $\frac{16}{7} \cdot \frac{1}{60} = \frac{16}{420} = \frac{4}{105}$ h) $3 \cdot \frac{7}{8} = \frac{21}{8} = 2\frac{5}{8}$ i) $\frac{3}{5} : \frac{7}{2} = \frac{6}{35}$
j) $\frac{9}{8} : \frac{3}{4} = \frac{36}{24} = \frac{3}{2}$ k) $\frac{25}{4} : 20 = \frac{25}{80} = \frac{5}{16}$ l) $\frac{18}{5} : \frac{1}{20} = \frac{360}{5} = \frac{72}{1} = 72$
m) $\frac{10}{7} : \frac{7}{10} = \frac{100}{49} = 2\frac{2}{49}$ n) $\frac{10}{7} : \frac{10}{7} = \frac{70}{70} = \frac{1}{1} = 1$ o) $25 : \frac{30}{7} = \frac{175}{30} = \frac{35}{6} = 5\frac{5}{6}$
p) $18 : 12 = \frac{18}{12} = \frac{3}{2}$

12 a) $\frac{8}{25} \cdot \frac{15}{12} = \frac{2}{5} \cdot \frac{3}{3} = \frac{2}{5} \cdot 1 = \frac{2}{5}$ b) $\frac{15}{12} : \frac{3}{4} = \frac{15}{12} \cdot \frac{4}{3} = \frac{15 \cdot 4}{12 \cdot 3} = \frac{5}{3} \cdot \frac{1}{3} = \frac{5}{9}$
c) $\frac{16}{21} \cdot \frac{12}{77} = \frac{4}{3} \cdot \frac{11}{3} = \frac{44}{9} = 4\frac{8}{9}$ d) $\frac{60}{77} : \frac{24}{11} = \frac{60}{77} \cdot \frac{11}{24} = \frac{5}{7} \cdot \frac{1}{2} = \frac{5}{14}$
e) $\frac{14}{15} \cdot \frac{10}{21} = \frac{2}{3} \cdot \frac{2}{3} = \frac{4}{9}$ f) $\frac{75}{48} : \frac{25}{4} = \frac{75}{48} \cdot \frac{4}{25} = \frac{1}{4} \cdot \frac{1}{1} = \frac{1}{4}$
g) $25 : \frac{5}{17} = \frac{25}{1} \cdot \frac{17}{5} = \frac{5}{1} \cdot \frac{17}{1} = \frac{85}{1} = 85$

13 a) $\frac{\frac{3}{4}}{\frac{5}{6}} = \frac{3}{4} : \frac{5}{6} = \frac{18}{20} = \frac{9}{10}$ b) $\frac{\frac{2}{3}}{\frac{8}{10}} = \frac{2}{3} : \frac{8}{10} = \frac{20}{24} = \frac{5}{6}$ c) $\frac{\frac{16}{9}}{\frac{25}{8}} = \frac{16}{9} : \frac{25}{8} = \frac{128}{225}$ d) $\frac{\frac{14}{3}}{\frac{14}{3}} = \frac{14}{3} : \frac{14}{3} = \frac{196}{196} = 1$

14 a) $\frac{3}{4} \cdot \frac{10+3}{15} = \frac{3 \cdot 13}{4 \cdot 15} = \frac{39}{60} = \frac{13}{20}$ b) $\frac{2}{5} : \left(\frac{8+7}{14}\right) = \frac{2}{5} \cdot \frac{14}{15} = \frac{28}{75}$ — Seite 43
c) $\left(3 \cdot \frac{20-6}{15}\right) : \frac{2}{3} = \frac{3}{1} \cdot \frac{14}{15} \cdot \frac{3}{2} = \frac{126}{30} = \frac{21}{5} = 4\frac{1}{5}$ d) $\frac{1}{8} + 4 \cdot \frac{25-8}{2} = \frac{1}{8} + \frac{4 \cdot 17}{2} = \frac{1+272}{8} = \frac{273}{8} = 34\frac{1}{8}$
e) $\left(\frac{1}{4} \cdot \frac{3}{2}\right) : \left(\frac{1}{2} + \frac{4}{2}\right) = \frac{3}{8} : \frac{5}{2} = \frac{3 \cdot 2}{8 \cdot 5} = \frac{6}{40} = \frac{3}{20}$ f) $\left(\frac{3}{4} + 1\right) : 2\frac{1}{6} = \left(\frac{3+4}{4}\right) : \frac{13}{6} = \frac{7}{4} \cdot \frac{6}{13} = \frac{42}{52} = \frac{21}{26}$

15 a) $4\frac{1}{2} \cdot 3\frac{1}{5}\,m = \frac{9}{2} \cdot \frac{16}{5}\,m = \frac{9}{1} \cdot \frac{8}{5}\,m = \frac{72}{5}\,m = 14\frac{2}{5}\,m = 14{,}4\,m$ oder $4{,}5 \cdot 3{,}2\,m = 14{,}4\,m = 1440\,cm$
b) $\frac{3}{5} \cdot 300\,ct = 180\,ct$ c) $\frac{3}{5} \cdot 90\,kg = 54\,kg$ d) 90° C

Training plus

Seite 44

23 Der Nenner gibt an, in wie viele Teile das Ganze geteilt wurde.

24 Bei einem echten Bruch ist der Zähler kleiner als der Nenner.

25 Bei einem unechten Bruch ist der Zähler größer als der Nenner.

26 Eine gemischte Zahl ist die Summe aus einer natürlichen Zahl und einem (echten) Bruch.

27 Nein, unechte Brüche und gemischte Zahlen sind immer größer als eins.

28 Von Erweitern spricht man, wenn Zähler und Nenner eines Bruches mit der gleichen Zahl (ungleich 0) multipliziert werden.

29 Man kürzt einen Bruch, indem man Zähler und Nenner des Bruches durch die gleiche Zahl (ungleich 0) dividiert.

30 Man bringt zunächst die Brüche auf den gleichen Nenner. Beim Addieren addiert man dann die Zähler, beim Subtrahieren subtrahiert man die Zähler. Der Nenner bleibt gleich.

31 „Zähler mal Zähler, Nenner mal Nenner"; man multipliziert beide Zähler und beide Nenner miteinander.

32 Man dividiert zwei Brüche, indem man den Dividenden mit dem Kehrbruch des Divisors multipliziert.

33 ① „Klammer zuerst": $2 + \frac{5}{6} = 2\frac{5}{6} = \frac{17}{6}$ ② „Punkt vor Strich": Punktrechnung $\frac{3}{2} \cdot \frac{17}{6} = \frac{1}{2} \cdot \frac{17}{2} = \frac{17}{4}$
③ Strichrechnung $\frac{4}{3} + \frac{17}{4} = \frac{16}{12} + \frac{51}{12} = \frac{67}{12}$ ④ in gemischte Zahl umwandeln und kürzen: $5\frac{7}{12}$

Seite 45

Abschlusstest

1 a) $\frac{3}{15} = \frac{1}{5}$ b) $\frac{4}{21}$ c) $\frac{5}{6}$ d) $\frac{3}{4}$

2

$\frac{3}{7}$	$\frac{3}{100}$	$\frac{1}{1}$	$\frac{3}{17}$	$\frac{9}{5}$	$\frac{25}{101}$	$\frac{9}{8}$	$\frac{8}{9}$	$1\frac{1}{3}$
$+\frac{4}{7} = 1$	$+\frac{97}{100} = 1$	$+ 0 = 1$	$+\frac{14}{17} = 1$	$+\frac{1}{5} = 2$	$+\frac{76}{101} = 1$	$+\frac{11}{8} = 2$	$+\frac{1}{9} = 1$	$+\frac{2}{3} = 2$

3

$\frac{4}{5}$	$\frac{3}{2}$	$1\frac{2}{3}$	2	$\frac{3}{2}$
$\frac{3}{4}$	$\frac{3}{2}$	$\frac{4}{5}$	$\frac{8}{9}$	1
$\frac{4}{5} \cdot \frac{3}{4} = \frac{3}{5}$	$\frac{3}{2} \cdot \frac{3}{2} = \frac{9}{4} = 2\frac{1}{4}$	$\frac{5}{3} \cdot \frac{4}{5} = \frac{4}{3}$	$\frac{2}{1} \cdot \frac{8}{9} = \frac{16}{9} = 1\frac{7}{9}$	$\frac{3}{2} \cdot \frac{1}{1} = \frac{3}{2} = 1\frac{1}{2}$
$\frac{16}{20} + \frac{15}{20} = \frac{31}{20} = 1\frac{11}{20}$	$\frac{3}{2} + \frac{3}{2} = \frac{6}{2} = 3$	$\frac{25}{15} + \frac{12}{15} = \frac{37}{15} = 2\frac{7}{15}$	$\frac{18}{9} + \frac{8}{9} = \frac{26}{9} = 2\frac{8}{9}$	$\frac{3}{2} + \frac{2}{2} = \frac{5}{2} = 2\frac{1}{2}$
$\frac{16}{20} - \frac{15}{20} = \frac{1}{20}$	$\frac{3}{2} - \frac{3}{2} = 0$	$\frac{25}{15} - \frac{12}{15} = \frac{13}{15}$	$\frac{18}{9} - \frac{8}{9} = \frac{10}{9} = 1\frac{1}{9}$	$\frac{3}{2} - \frac{2}{2} = \frac{1}{2}$
$\frac{4}{5} \cdot \frac{4}{3} = \frac{16}{15} = 1\frac{1}{15}$	$\frac{3}{2} \cdot \frac{2}{3} = 1$	$\frac{5}{3} \cdot \frac{5}{4} = \frac{25}{12} = 2\frac{1}{12}$	$\frac{2}{1} \cdot \frac{9}{8} = \frac{9}{4} = 2\frac{1}{4}$	$\frac{3}{2} \cdot \frac{1}{1} = \frac{3}{2} = 1\frac{1}{2}$

4 a) $\frac{3}{5} : \frac{2}{3} = \frac{3}{5} \cdot \frac{3}{2} = \frac{9}{10}$

b) Differenz von $\frac{5}{6}$ und $\frac{4}{5}$: $\frac{5}{6} = \frac{25}{30}$; $\frac{4}{5} = \frac{24}{30}$; $\frac{25}{30} - \frac{24}{30} = \frac{1}{30}$
Differenz von $\frac{3}{4}$ und $\frac{2}{3}$: $\frac{3}{4} = \frac{9}{12}$; $\frac{2}{3} = \frac{8}{12}$; $\frac{9}{12} - \frac{8}{12} = \frac{1}{12}$;
$\frac{1}{12} > \frac{1}{30}$, also: **Nein**, die Differenz von $\frac{2}{3}$ und $\frac{3}{4}$ ist größer.

5 a) $\frac{2}{3} + \frac{1}{4}\left(\frac{5}{2} - 2\right) = \frac{2}{3} + \frac{1}{4} \cdot \frac{1}{2} = \frac{2}{3} + \frac{1}{8} = \frac{16}{18} + \frac{3}{18} = \frac{21}{18} = 1\frac{3}{18}$

b) $\left(\frac{2}{5} - \frac{1}{4}\right) : \left(\frac{3}{8} - \frac{1}{7}\right) = \left(\frac{8}{20} - \frac{5}{20}\right) : \left(\frac{21}{56} - \frac{8}{56}\right) = \frac{3}{20} : \frac{13}{56} = \frac{3}{20} \cdot \frac{56}{13} = \frac{3}{5} \cdot \frac{14}{13} = \frac{42}{65}$

c) $\left[\left(\frac{2}{3} + \frac{1}{5}\right) \cdot \frac{3}{2}\right] : \frac{1}{2} = \left[\left(\frac{10}{15} + \frac{3}{15}\right) \cdot \frac{3}{2}\right] : \frac{1}{2} = \frac{13}{15} \cdot \frac{3}{2} \cdot \frac{2}{1} = \frac{13}{5} = 2\frac{3}{5}$

23 – 18 Punkte	17 – 12 Punkte	unter 12 Punkte
sehr gut bis gut	befriedigend bis ausreichend	nicht mehr ausreichend

Kapitel 4: Positive Dezimalbrüche

Aufgaben

1 a) $389{,}75 = 3 \cdot 100 + 8 \cdot 10 + 9 \cdot 1 + 7 \cdot \frac{1}{10} + 5 \cdot \frac{1}{100}$ Seite 46

b) $17{,}234 = 1 \cdot 10 + 7 \cdot 1 + 2 \cdot \frac{1}{10} + 3 \cdot \frac{1}{100} + 4 \cdot \frac{1}{1000}$

2 (Seite 47)

	0,12	0,0101	0,000 045	1,25
a)	$\cdot 10^1$ ($\cdot$ 10)	$\cdot 10^2$ ($\cdot$ 100)	$\cdot 10^5$ ($\cdot$ 100 000)	$\cdot 10^0$ ($\cdot$ 1)
b)	$\cdot 10^2$ ($\cdot$ 100)	$\cdot 10^3$ ($\cdot$ 1000)	$\cdot 10^6$ ($\cdot$ 1 000 000)	$\cdot 10^1$ ($\cdot$ 10)
c)	$\cdot 10^3$ ($\cdot$ 1000)	$\cdot 10^4$ ($\cdot$ 10 000)	$\cdot 10^7$ ($\cdot$ 10 000 000)	$\cdot 10^2$ ($\cdot$ 100)
d)	$\cdot 10^0$ ($\cdot$ 1)	$\cdot 10^1$ ($\cdot$ 10)	$\cdot 10^4$ ($\cdot$ 10 000)	$\cdot 10^{-1}$ (: 10)

3 (Seite 48)

	12	230	450 045	1,25
a)	: 10^1 (: 10)	: 10^2 (: 100)	: 10^5 (: 100 000)	: 10^0 (: 1)
b)	: 10^0 (: 1)	: 10^1 (: 10)	: 10^4 (: 10 000)	: 10^{-1} ($\cdot$ 10)
c)	: 10^{-1} ($\cdot$ 10)	: 10^0 (: 1)	: 10^3 (: 1000)	: 10^{-2} ($\cdot$ 100)
d)	: 10^2 (: 100)	: 10^3 (: 1000)	: 10^6 (: 1 000 000)	: 10^1 (: 10)

4 a) $\frac{3}{5} = 0{,}6$ b) $\frac{53}{6} = 8{,}8\overline{3}$ c) $\frac{12}{100} = 0{,}12$ d) $3\frac{5}{50} = 155 : 50 = 3{,}1$

5 a) $2{,}45 = \frac{245}{100} = \frac{49}{20}$ b) $3{,}01 = \frac{301}{100}$ c) $0{,}0201 = \frac{201}{10\,000}$ Seite 49

d) $33{,}2 = \frac{332}{10} = \frac{166}{5}$ e) $22{,}001 = \frac{22\,001}{1000}$

6 a) $\frac{\frac{3}{4}}{\frac{5}{6}} = 0{,}9$ b) $\frac{\frac{1}{5}}{\frac{2}{3}} = 0{,}3$ c) $\frac{\frac{2}{3}}{\frac{1}{5}} = 3{,}\overline{3}$ d) $\frac{\frac{4}{27}}{\frac{5}{27}} = 0{,}8$

7 a) $4{,}32 < 4{,}33$ b) $3{,}43 < 3{,}432$ c) $4{,}99 < 11{,}32$ d) $2{,}32 = 2{,}32$

8 $\frac{1}{4} < 0{,}303 < \frac{3}{9} = \frac{33}{99} < 0{,}38 < 0{,}4 = \frac{2}{5} < 0{,}42 < 0{,}43 < \frac{4}{9}$

9 a) 361,4   b) 179,13   c) 138,47   d) 27,11   e) 1,011   f) 21,3077 Seite 50

10 Der neue Kontostand beträgt 37,56 € + 30 € − (28,98 € + 5,00 € + 12,50 € + 7,98 €) = 13,10 €.

11 a) 2,76   b) 0,48   c) 5,382   d) 75,6 Seite 51

e) 0,0756   f) 7,56   g) 78,156   h) 0,36

12 a) 1,32 : 1,2 = 1,1   b) 0,457 : 0,5 = 0,914   c) 234 : 0,8 = 292,5   d) 0,546 : 3,5 = 0,156

13 (Seite 52)

$\frac{1}{4}$	$\frac{42}{100} = \frac{21}{50}$	$\frac{24}{100} = \frac{6}{25}$	$\frac{12}{10} = \frac{6}{5}$	$\frac{52}{100}$	$\frac{42}{1000} = \frac{21}{500}$	$\frac{5}{1000} = \frac{1}{200}$	$\frac{5}{6}$
0,25	0,42	0,24	1,2	0,52	0,042	0,005	$0{,}8\overline{3}$
25 %	42 %	24 %	120 %	52 %	4,2 %	0,5 %	$83{,}\overline{3}$ %

$\frac{1}{10}$	$\frac{17}{100}$	$\frac{1}{100}$	$\frac{100}{100} = 1$	$\frac{3}{4}$	$\frac{11}{10}$	$\frac{3}{2}$	$\frac{1}{2}$
0,1	0,17	0,01	1	0,75	1,1	1,5	0,5
10 %	17 %	1 %	100 %	75 %	110 %	150 %	50 %

14 (Seite 53)

Zahl	13,5445	5,54549	55,5555	489,1	4994,494	0,060501
auf zwei Dezimalen	13,54	5,55	55,56	–	4994,49	0,06
auf eine Dezimale	13,5	5,5	55,6	–	4994,5	0,1
auf ganze Zahlen	14	6	56	489	4994	0

15 10 € − (0,60 € + 1,00 € + 1,80 € + 1,00 €) = 10 € − 4,40 € = 5,60 € − Ja, das Geld reicht.

Seite 54 Training Plus

34 Der Zahlenwert beträt nur noch ein Zehntel des ursprünglichen Wertes.

35 kilo steht für 1000 = 10^3 (Kilometer, Kilogramm)
mega steht für 1 000 000 = 10^6 (Megabyte)
giga steht für 1 000 000 000 = 10^9 (Gigabyte, Gigatonnen)

36 milli bedeutet ein Tausendstel; z. B. 1 Milligramm = $\frac{1}{1000}$ Gramm, 1 Millimeter = $\frac{1}{1000}$ Meter.
Weitere Einheiten: Millibar, Milliliter

37 Man schreibt den Dezimalbruch als Summe der Produkte aus Ziffer mal Stellenwert. Man addiert die so erhaltenen Brüche, nachdem man sie auf einen Hauptnenner gebracht hat, und kürzt.

38 Man ersetzt den Bruchstrich durch ein Divisionszeichen und dividiert (schriftlich).

39 Man schreibt stellengerecht untereinander, füllt mit Nullen auf und addiert wie bei den natürlichen Zahlen stellenweise von rechts nach links.

40 Man erweitert (multipliziert mit 10, verschiebt das Komma nach rechts), bis im Divisor kein Komma mehr vorkommt, und rechnet dann wie bei den natürlichen Zahlen. Das Komma im Ergebnis setzt man, sobald man bei der Division mit der Zehntelstelle des Divisors rechnet.

41 Das Produkt zweier Dezimalzahlen hat so viele Nachkommastellen wie die addierten Nachkommastellen beider Faktoren.

42 $\frac{1}{2} = 50\,\%$; $\frac{1}{4} = 25\,\%$; $\frac{1}{5} = 20\,\%$; $\frac{1}{8} = 12{,}5\,\%$; $\frac{1}{10} = 10\,\%$

43 $40\,\% = \frac{2}{5}$; $33{,}\overline{3}\,\% = \frac{1}{3}$; $37{,}5\,\% = \frac{3}{8}$; $75\,\% = \frac{3}{4}$

44 Ich betrachte die Ziffer der dritten Dezimalen (rechts von der Rundungsstelle). Ist diese kleiner als 5 bleibt die Ziffer der 2. Dezimalstelle unverändert, die weiteren Dezimalstellen entfallen; ist sie größer oder gleich 5 erhöhe ich die Ziffer der 2. Dezimalstelle um 1; die weiteren Dezimalstellen entfallen. Steht an der Rundungsstelle eine 9 wird die 1. Dezimalstelle um eins erhöht, aus der 9 wird eine Null, sie kann also auch entfallen.

Seite 55 Abschlusstest

1

a	1,2	100,4	0,64	$\frac{60}{2} = 30$	$\frac{3}{4} = 0{,}75$	24,06
b	0,8	10	0,4	$\frac{12}{3} = 4$	$\frac{1}{8} = 0{,}125$	$\frac{3}{2} = 1{,}5$
a + b	**2,0**	**110,4**	**1,04**	**34**	**0,875**	**25,56**
a − b	**0,4**	**90,4**	**0,24**	**26**	**0,625**	**22,56**
a · b	**0,96**	**1 004**	**0,256**	**120**	**0,09375**	**36,09**
a : b	**1,5**	**10,04**	**1,6**	**7,5**	**6**	**16,04**
a · (a − b)	**0,48**	**9076,16**	**0,1536**	**780**	**0,46875**	**542,7936**

2

Zahl	0,549	0,4999	12,9876	11,3456	23,893	23,999	0,456
auf zwei Dezimalen	**0,55**	**0,50**	**12,99**	**11,35**	**23,89**	**24,00**	**0,46**
auf ganze Zahlen	**1**	**0**	**13**	**11**	**24**	**24**	**0**

3 *Anmerkung: Bei dieser Aufgabe fehlt eine Angabe (das mittlere Gewicht eines Erwachsenen). Diese nicht eindeutigen Aufgabentypen, bei denen Schätzwerte erforderlich sind, kommen immer häufiger vor, du solltest dich daran gewöhnen.*
Schätzung: Ein Erwachsener wiegt cirka 80 kg. $\Rightarrow$ 200 : 80 = 2,5.
Man kann also **höchstens 2 Erwachsene** befördern.

4 Überschlag der Kosten pro Tag: 60 € + 6 € + 12 € + 8 € + 3 · 4 € = 98 €; erneut runden auf 100 €; bei 5 Tagen also ca. 100 € · 5 = 500 €; wahrscheinlich reicht das Geld nicht.
Rechnung: 5 · (57 € + 5,50 € + 12,35 € + 7,80 € + 3 · 3,80 €) = 470,25 € $\Rightarrow$ **450 € reichen nicht**.

5 a) $4{,}5 \cdot (1{,}24 - 0{,}53) - 0{,}002 = 4{,}5 \cdot 0{,}71 - 0{,}002 = 3{,}195 - 0{,}002 = 3{,}193$
b) $1{,}2 : [30 \cdot (1 - 0{,}99)] = 1{,}2 : (30 \cdot 0{,}01) = 1{,}2 : 0{,}3 = 4$
c) $(12 + 3 \cdot 1{,}23 + 40 \cdot 0{,}03) \cdot (1 - 0{,}1 - 0{,}001) = (12 + 3{,}69 + 1{,}2) \cdot (0{,}9 - 0{,}001) = 16{,}89 \cdot 0{,}899$
$= 15{,}18411$

26 – 21 Punkte	20 – 13 Punkte	unter 13 Punkte
sehr gut bis gut	befriedigend bis ausreichend	nicht mehr ausreichend

Kapitel 5: Ganze Zahlen

Aufgaben

1 a) $3 + (-7) + (-2)$ b) $-7 + (-4) + (-5)$ c) $-3 - (-4) + (-2)$ **Seite 56**
d) $-4 + (-2) + (-7)$ e) $-5 + (-7) + 7 \cdot (-3)$ f) $6 \cdot (-5) + (-7) \cdot (-3)$
g) $100 : (-5) + (-10)$ h) $100 : (-5) + (-10) : (-2)$

2 a) $4 + 3 = 7$ (von der Zahl 4 aus drei Einheiten auf der Zahlengeraden nach rechts) **Seite 57**
b) $4 + (-3) = 1$ (von der Zahl 4 aus drei Einheiten auf der Zahlengeraden nach links)
c) $-5 + (-3) + (-4) + 10 = -2$ (von −5: um 3 nach links, um 4 nach links, um 0 nach rechts)
d) $-2 + (-6) + (-7) + (-1) = -16$ (von −2: erst 6, dann 7, dann 1 nach links)
e) $0 + (-7) + 7 + (-0) = 0$ (von Null erst 7 nach links, dann 7 nach rechts)

3 a) −28 b) −2 c) 188 d) −8823

4 $(-100 + 100) + (-99 + 99) + \ldots + (-2 + 2) + (-1 + 1) + 0 = 0 + 0 \ldots + 0 = 0$

5 **Seite 58**

Zahl	−1	1	333	−45	656	0	−17	−(−4)	23	−17
Gegenzahl	1	−1	−333	45	−656	0	17	−4	−23	17
Gegenzahl der Gegenzahl	−1	1	333	−45	656	0	−17	4	23	−17

6 a) 0 b) 0 c) 0

7 a) 1 b) 7 c) −8 d) 127 e) 33 f) 1738 g) 0 **Seite 59**

Info plus: Obwohl man mit −3 € rechnen kann, darf man doch nicht davon ausgehen, dass −3 € real existieren würden. Der Fehler steckt im Satz „ich *habe* −3 € in meiner Geldbörse". Bei einem Bankkonto, wäre die Frage korrekt – und wenn man auf ein Bankkonto, auf dem −3 € (Schulden) sind, 3 € einzahlt, steht es auch wirklich auf null.

8 a) −18 b) 539 c) 0 d) 753 e) −1459 f) 23

9 a) 527 b) −644 c) −1035 d) 1734 e) 384 **Seite 60**
f) 207 g) −782 h) 396 i) 0 j) 0

10 a) 280 b) 0 c) 360 d) 125 e) 0 f) −32

11 a) 4 b) −6 c) −8 d) 15 e) 35 **Seite 61**
f) nicht zulässig g) 0 h) −27

12 a) $5 \cdot (-8 - (-4)) = 5 \cdot (-8 + 4) = 5 \cdot (-4) = -20$ **Seite 62**
b) $(-5) \cdot 5 \cdot (12 : (-4) + 4) = -(5) \cdot 5 \cdot (-3 + 4) = -(5) \cdot 5 \cdot (1) = -25 \cdot 1 = -25$
c) $\big(3 - 5(-4 + 7(-5 - (-4)) + 2)\big) \cdot (-1) = \big((3 - 5(-4 + 7 \cdot (-1) + 2)\big) \cdot (-1)$
$= \big((3 - 5(-4 + (-7) + 2)\big) \cdot (-1) = \big((3 - 5(-9)\big) \cdot (-1)$
$= (3 - (-45)) \cdot (-1) = (-48) \cdot (-1) = 48$
d) $\big((-3) \cdot (-4) \cdot 5(-8 + (-3))\big) - (-5) = 12 \cdot 5 \cdot (-11) + 5 = -655$

e) $4(-200:(-25)+3)(8:2-4) = \mathbf{0}$, da $(8:2-4) = 0$
f) $400:(-20:(-10)) = 400:2 = \mathbf{200}$

13 a) $4\,h - 3 \cdot 20\,min + 20\,min : 4 = 240\,min - 60\,min + 5\,min = \mathbf{185\,min = 3\,h\,5\,min}$
b) $8 \cdot 4\,km - 6 \cdot 2\,km = 32\,km - 12\,km = \mathbf{20\,km}$
c) $3\,t - 5 \cdot 400\,kg = 3000\,kg - 2000\,kg = \mathbf{1000\,kg}$
d) $4 \cdot 100\,€ - 3 \cdot 200\,€ + 7 \cdot 50\,€ = 400\,€ - 600\,€ + 350\,€ = \mathbf{150\,€}$
e) $4\,°C + 12\,°C = \mathbf{16\,°C}$
e) $54\,kg + 200\,m$ = ist **nicht möglich**

Seite 64

14 Heute: $26\,°C - 10\,°C = 16\,°C$. Gestern: $16\,°C + 3\,°C = 19\,°C$.
Vor zwei Tagen: $19°\,C + 3°\,C = 22°\,C$. Vor drei Tagen: $22\,°C + 3\,°C = 25\,°C$.
Ergebnis: Vor drei Tagen war die Temperatur **25 °C**.

15 Einmal hochfahren ergibt $708\,m - 450\,m = 285\,m$. Da $3 \cdot 285 = 855 < 1000$, aber $4 \cdot 285 = 1140$ ergibt, muss Maria mindestens viermal hochfahren.
oder: $1000:(708\,m - 450\,m) = 3{,}508\ \dots$, also: 3-mal reicht nicht $\Rightarrow$ **4 Fahrten**

16 Monatliche Änderung: $54\,€ - 90\,€ = -36\,€$. Er hat jeden Monat 36 € weniger auf dem Konto. $360\,€ : 36\,€ = 10$; Yannik verbraucht sein Guthaben **in 10 Monaten**.

17 Franz' Noten waren: 3; 5; 2; 2. Durchschnitt: $(3+5+2+2):4 = 12:4 = 3$.
Sein Notendurchschnitt ist ist **3**.

Info-Plus: Der Fehler steckt im Ausdruck „zwei liegen auf dem Tisch, das macht 27 € + 2 € = 29 €". Diese zwei Euro müssen *subtrahiert* werden (sie bleiben übrig); dann kommt man auf den Rechnungsbetrag von 25 €; die drei Freunde haben nämlich $(3 \cdot 10\,€) - (3 \cdot 1\,€) = 27\,€$ bezahlt, also insgesamt 2 € zuviel. Diese liegen auf dem Tisch.

Seite 65

Training plus

45 nach rechts

46 Ein Faktor oder drei Faktoren waren negativ: Ist die Anzahl der negativen Faktoren ungerade, so ist das Produkt negativ.

47 Nur die Zahl 0.

48 Wenn Dividend und Divisor verschiedene Vorzeichen haben, wird der Quotient negativ.

49 Mindestens einer der Faktoren des Produkts ist Null.

50 Zuerst werden die **Klammern** berechnet (innere Klammer vor äußerer Klammer), dann kommt die **Punktrechnung** (· und :) vor der **Strichrechnung** (+ und -).

51 Auch die Gegenzahlen unterscheiden sich um 4. Allerdings ist die Gegenzahl von a um 4 kleiner als die Gegenzahl von b.

52 Die **positiven Zahlen und die Null**, also alle ganzen Zahlen die größer oder gleich Null sind.

53 z.B.: Temperatur in **°Celcius**, Schulden auf der Bank in **Euro**, Höhe über Normalnull in **Meter**

54 $-7 - (-5) + 5 - 3 - (-7) + 1 - 9$; Ergebnis: $\mathbf{-1}$

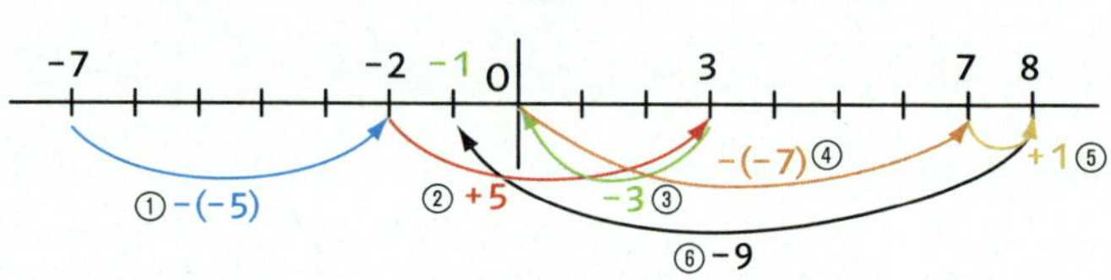

55 Durch Null darf nicht dividiert werden.

Abschlusstest

Seite 66

1 a) $3 \cdot (7 - 5) = 6$ b) $(3 - 7 - 5) = -9$ c) $-(7 - 3) - 5 = -9$
d) $-4 \cdot (10 - 5) = -20$ e) $3 - (4 - 5) - 6 = -2$ f) $3 - (4 - 5 - 6) = 10$
g) $3 - 4 - (5 - 6) = 0$ h) $3 - 4 \cdot (5 - 6) = 7$

2 $e = -6$, Gegenzahl: 6 $a = -4$, Gegenzahl: 4 $b = -2$, Gegenzahl: -2
$c = 5$, Gegenzahl: -5 $d = 0$, Gegenzahl: 0

3 a) $(5 + 7) \cdot 3 - 5 + 2 = 33$ b) $(4 + 5 - (-7) + 7) \cdot (3 - 5 + 8) = 138$
c) $3 \cdot (5 - 5 + 7) = 21$ d) $4 - (5 - 6 - 7 - 8) = 4 - (-16) = 20$
e) $(100 : 4) \cdot 8 : 2 = 100$ f) $200 : (40 : (20 : 5)) = 200 : (40 : 4) = 200 : 10 = 20$

4 a) $4 - (-7) \cdot 2 = 4 - (-14) = 18$ b) $28 : 7 - (-5) \cdot 2 = 4 + 10 = 14$
c) $-12 + (-4 + 3 \cdot (-2)) = -12 - 10 = -22$ d) $24 : 6 - (-48 : (-6) + 3) = 4 - (8 + 3) = 4 - 11 = -7$
e) $3 \cdot (-2) \cdot 4 - (-4 - 5) = -24 + 9 = -15$

5 a) -21, denn $-21 - (-7) = -21 + 7 = -14$ b) 20, denn $20 \cdot (-5) = -100$
c) 120, denn $120 : 2 - (-40) = 60 + 40 = 100$ e) 30, denn $(30 \cdot 2 + 12) : 2 = 72 : 2 = 36$

Seite 67

6 Wir spiegeln die Zahlen auf der Zahlengeraden an der Zahl 3 und an der Zahl -2. „Spiegeln" heißt: Die gleiche Strecke wird vom Zentrum aus auf die „andere Seite" übertragen. Wenn du einen Zahlenstrahl kannst du das gut sehen. Man kann das auch mit zwei Linealen anschaulich machen:

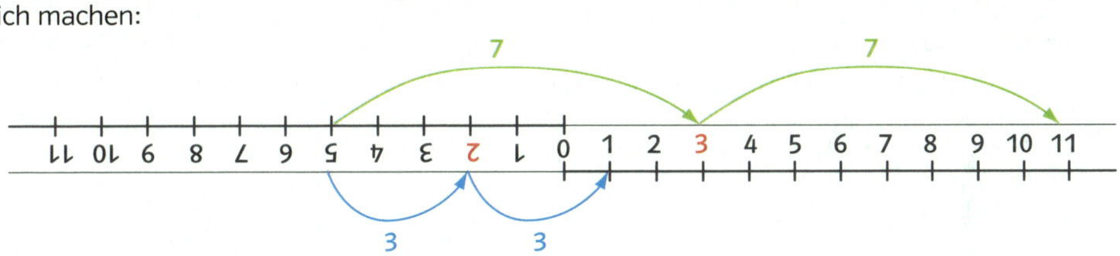

ursprüngliche Zahl	-5	15	0	1	7	2	6	0	-24
an der 3 gespiegelt	11	-9	6	5	-1	4	0	6	30
an der -2 gespiegelt	1	-19	-4	-5	-11	-6	-10	-4	20

7 a) $-3 \cdot 5 - 4(3 + 17) - 4(-5) = -15 - 4 \cdot 20 + 20$
$= -15 - 80 + 20 = -75$

b) $3\left(+4\left(((5 - 6) - 7) + 3(4 - 5)\right) + 2\right) = 3\left(+4((-1 - 7) + 3(-1)) + 2\right)$
$= 3(+4(-8 - 3) + 2)$
$= 3(-44 + 2) = 3(-42) = -126$

c) $38 - \left(4(5 - (-8)) - 4(-20 : 5)\right) = 38 - ((4 \cdot 13) - 4(-4))$
$= 38 - (52 + 16) = -30$

d) $(-3 + (-4) : 2) \cdot (-7)(3 - 8(4 - 5)) = (-3 + (-2)) \cdot (-7)(3 - 8(-1))$
$= (-5)(-7)(11) = 385$

8 Erspielte Punkte vor den letzten drei Spielen: $11 \cdot 3 + 4 = 37$.
Nach Punkteabzug: $37 - 12 = 25$ Punkte. Es fehlen 5 Punkte. Fußdorf ist abstiegsbedroht!
Es sind noch $3 \cdot 3 = 9$ Punkte möglich. **Fußdorf kann es aus eigener Kraft schaffen:**
Mit zwei Siegen oder einem Sieg und zwei Unentschieden.

36 – 29 Punkte	28 – 18 Punkte	unter 18 Punkte
sehr gut bis gut	befriedigend bis ausreichend	nicht mehr ausreichend

Kapitel 6: Grundbegriffe der Geometrie

Aufgaben

In diesem Kapitel gilt: Beim Vergleich mit deinen Lösungen sind *geringe* Abweichungen aufgrund von Messungenauigkeiten bei Winkel- und Abstandsmessungen möglich.

Seite 69

1

Punkte der Ebene	(3 | 4)	(-4 | 5)	(5 | -4)	(-20 | -20)	(12 | 0)	(0 | 0)	(0 | -13)
Quadrant	1	2	4	3	x-Achse	Ursprung	y-Achse

2 a) A(0 | 2);
B(-3 | 2);
C(4 | 1)
D(-2 | -2);
E(1 | -3);
F(3 | 0)
b) siehe rechts

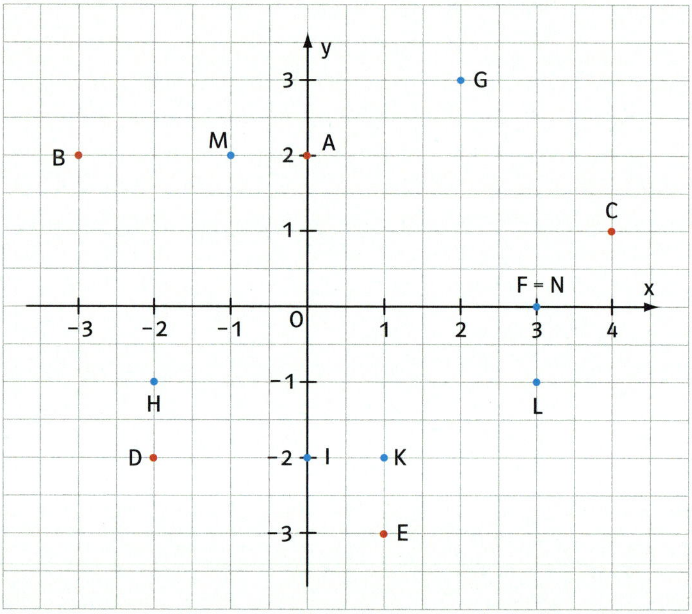

Seite 70

3 [AB] = 3 cm
[AC] = 4,1 cm
[AD] = 4,5 cm
[CD] = 6,7 cm
[BC] = 7,1 cm
[BA] = 3 cm
[ED] = 3,2 cm

Seite 70/71

4 a) und b) siehe rechts
c) Anfangspunkt B(-2 | 3); P_2(0 | 1); P_2(1 | 0)
d) Ordinate: 2
e) Schnittpunkt (1 | 0)
g) $\overline{DA}$ = 2 cm; $\overline{CE}$ = 4 cm; $\overline{OF}$ = 2,9 cm
h) A(-1 | 3); F(-1,5 | -2,5)

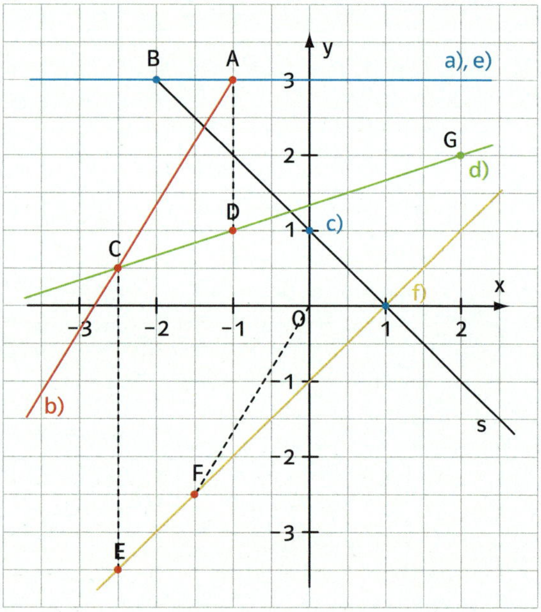

Seite 72

5 a) überstumpf
b) gestreckt
c) stumpf
d) spitz
e) rechter Winkel
f) spitz

6

rechter Winkel	spitzer Winkel	stumpfer Winkel	Vollwinkel	überstumpfer Winkel	gestreckter Winkel

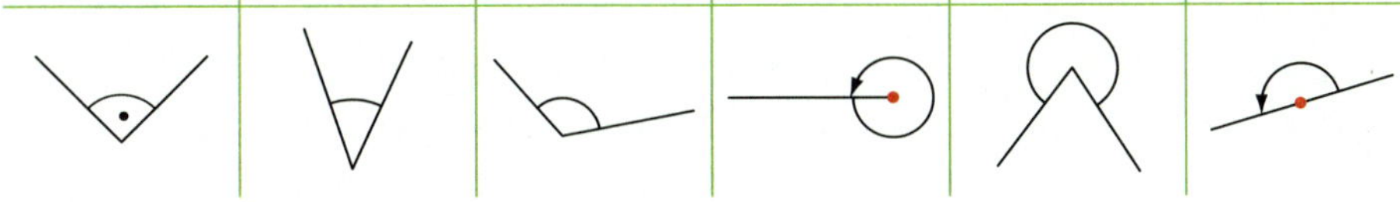

(Nur der rechte Winkel, der Vollwinkel und der gestreckte Winkel sind eindeutig. Die anderen Skizzen sind beispielhafte Lösungen.)

7 w(g, h) = **40°**; w(s, g) = **160°**; w(h, s) = **160°**; w(s, l) = **35°**; w(g, s) = **200°**; w(g, l) = **235°**

8

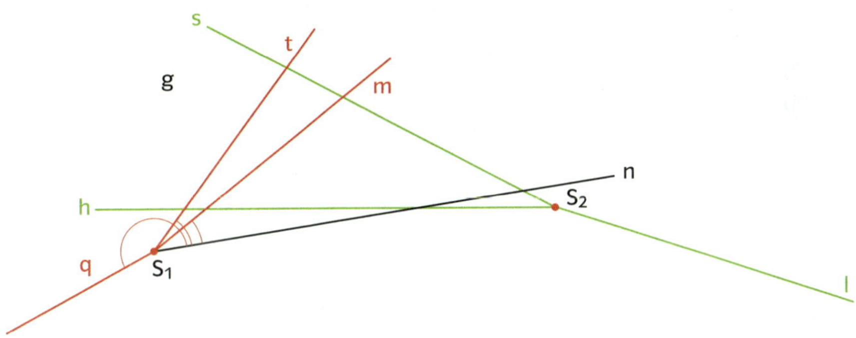

Seite 74

9

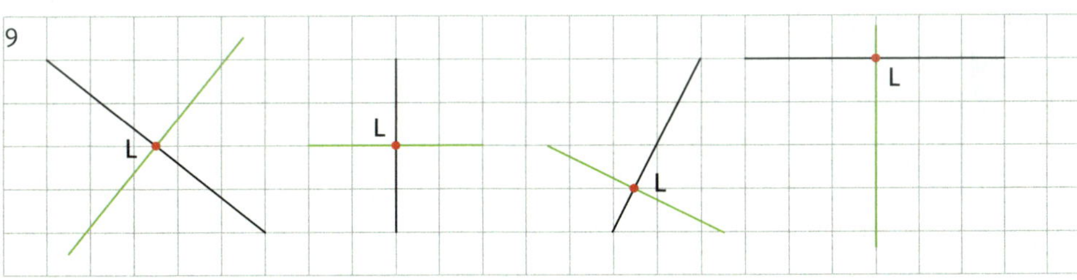

10

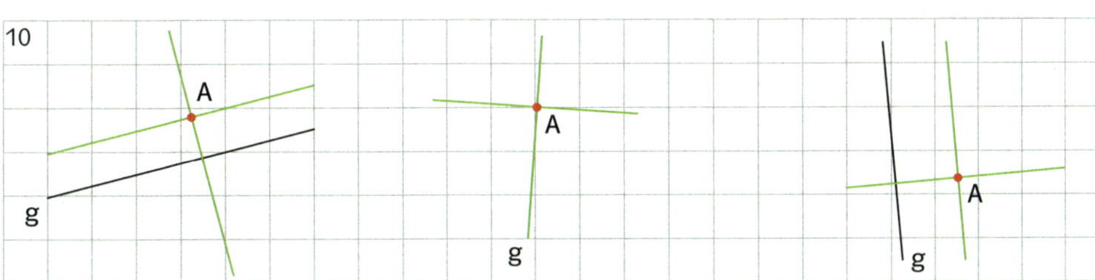

Seite 75

11 a) d(A, B) = 6,3 cm b) d(B, C) = 5,6 cm c) d(C, D) = 5,0 cm
d) $\overline{BA}$ = 6,3 cm e) $\overline{CB}$ = 5,6 cm f) $\overline{AD}$ = 4,1 cm
g) d(A, g) = 1,0 cm h) d(B, g) = 4,0 cm i) d(C, g) = 3,0 cm
j) d(B, h) = 2,0 cm k) d(C, h) = 1,0 cm l) d(A, h) = 1,0 cm

Training plus

Seite 76

56 Alle Punkte im dritten Quadranten (und nur diese) haben negative x-Werte und negative y-Werte (eine negative Abszisse und eine negative Ordinate).

57 a) im 1. oder 3. Quadranten b) im 2. oder 4. Quadranten c) auf einer der Achsen

58 Der Strahl beginnt an einem festen Anfangspunkt und ist auf der anderen „Seite" nicht begrenzt, während die Gerade in beide Richtungen unbegrenzt verläuft.

59 [AB] bzw. $\overline{AB}$ bezeichnet die **Länge** der Strecke zwischen den Punkten A und B.

60 Ein Winkel, der **größer als 180°** ist, heißt überstumpfer Winkel. Beispiele: 359°, 181°, 200°

61 Zwei Geraden sind zueinander orthogonal, wenn sie sich unter einem Winkel von 90° schneiden.

62 Die Geraden sind parallel zueinander.

63 Der Abstand von einem Punkt zur Geraden kann dann auf der Linealskala des Geodreiecks abgelesen werden, wenn man es so anlegt, dass die **Mittellinie** (von der 0 bis zur Spitze mit dem rechten Winkel) **auf der Geraden** liegt und die **Seite mit der Linealskala durch den Punkt** geht.

64 Auf dem Lot, das durch die Mitte von $\overline{AB}$ verläuft.

66 Mit den senkrechten aufeinander stehenden Linien des Geodreiecks (→ Zeichnung Seite 74 oben).

65 Mit den zueinander parallelen Linien des Geodreiecks (→ Zeichnung Seite 74 unten).

Seite 77

Abschlusstest

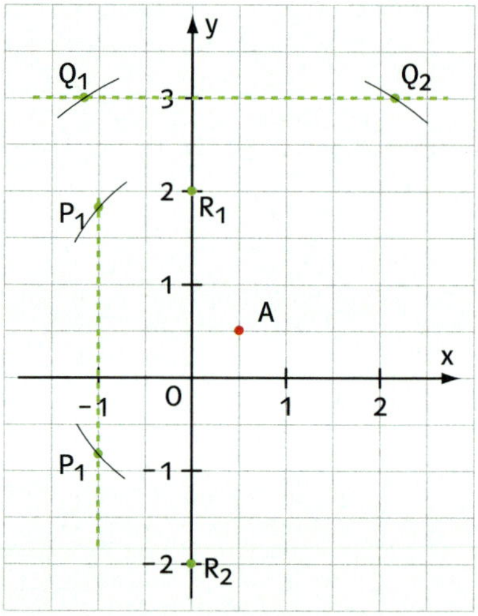

1 $\alpha = 33°$; $\beta = 35°$; $\gamma = 112°$;
$\delta = 153°$; $\varepsilon = 312°$; $\lambda = 27°$

2 siehe Grafik unten

3 d(A, g) = **2,3 cm**; d(B, g) = **0 cm**;
d(C, g) = **0,6 cm**; d(D, g) = **1,8 cm**
d(A, h) = **1 cm**; d(B, h) = **3,2 cm**;
d(C, h) = **1,3 cm**; d(D, h) = **0 cm**

4 siehe Grafik rechts
a) $Q_1(\approx -1{,}3 \mid 3)$; $Q_2(\approx 2{,}15 \mid 3)$
b) $P_1(-1 \mid \approx 1{,}8)$; $P_2(-1 \mid \approx -0{,}8)$
c) $R_1(0 \mid 2)$; $R_2(0 \mid -2)$
Anmerkung: Der Abstand zu Punkt A in den Teilaufgaben a) und b) kann auch mit dem Zirkel angetragen werden, wie in der Zeichnung durch die schwarzen Linien angedeutet wurde.

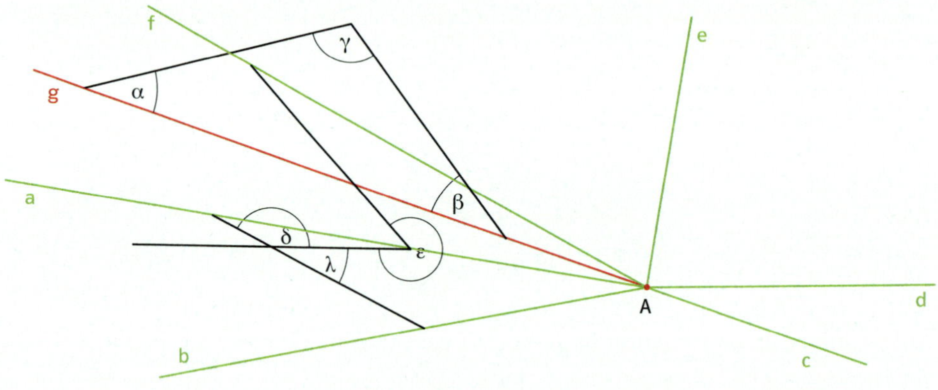

26 – 21 Punkte	20 – 13 Punkte	unter 13 Punkte
sehr gut bis gut	befriedigend bis ausreichend	nicht mehr ausreichend

Kapitel 7: Ebene Figuren und Körper

Auch in diesem Kapitel gilt: Beim Vergleich mit deinen Lösungen sind *geringe* Abweichungen aufgrund von Messungenauigkeiten bei Winkel- und Abstandsmessungen möglich.

Aufgaben

Seite 78

1 a) h_a = **2 cm**; h_b = **4,1 cm**; h_c = **2,2 cm**
b) h_a = **1,9 cm**; h_b = **2,9 cm**; h_c = **2 cm**
c) h_a = **1,8 cm**; h_b = **c = 2,5 cm**; h_c = **b = 2,5 cm**

Seite 79

2 Zeichnung siehe rechts
a) u = **15,9 cm**;
$A = \frac{1}{2} \cdot 4{,}4\,\text{cm} \cdot 4{,}9\,\text{cm} = \mathbf{10{,}78\,cm^2}$;
b) u = **12,3 cm**;
$A = \frac{1}{2} \cdot 2\,\text{cm} \cdot 5{,}4\,\text{cm} = \mathbf{5{,}4\,cm^2}$;
c) u = **13,4 cm**;
$A = \frac{1}{2} \cdot 4{,}9\,\text{cm} \cdot 3{,}2\,\text{cm} = \mathbf{7{,}84\,cm^2}$;

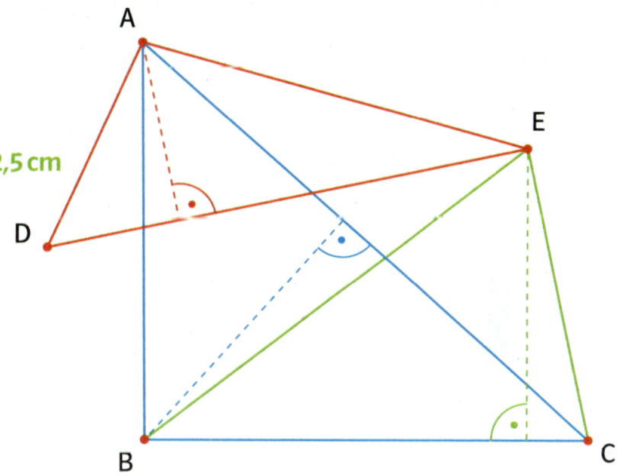

Seite 80

3 a)

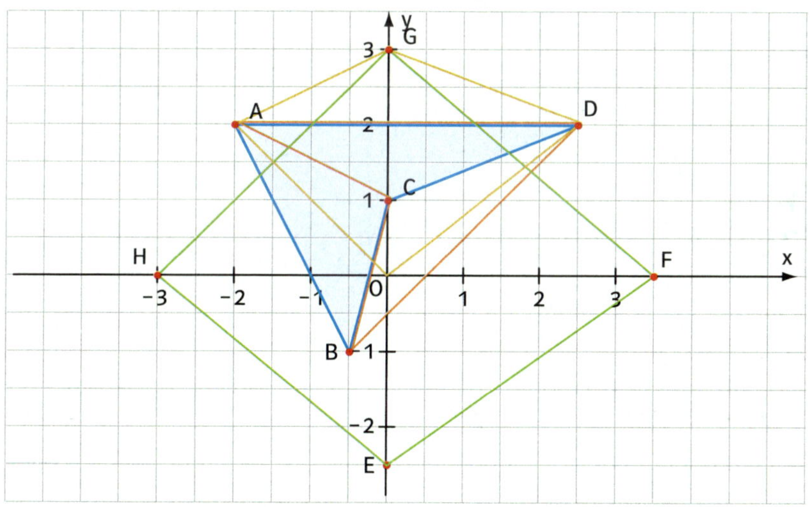

b) $A_{\text{Dreieck 1}} = \frac{1}{2} \cdot 4{,}5\,\text{cm} \cdot 1\,\text{cm} = \mathbf{2{,}25\,cm^2}$, $A_{\text{Dreieck 2}} = \frac{1}{2} \cdot 1{,}3 \cdot 3{,}4 = \mathbf{2{,}21\,cm^2}$
$A_{\text{Viereck}} = 2{,}25\,\text{cm}^2 + 2{,}21\,\text{cm}^2 = \mathbf{4{,}46\,cm^2}$

Seite 81

4

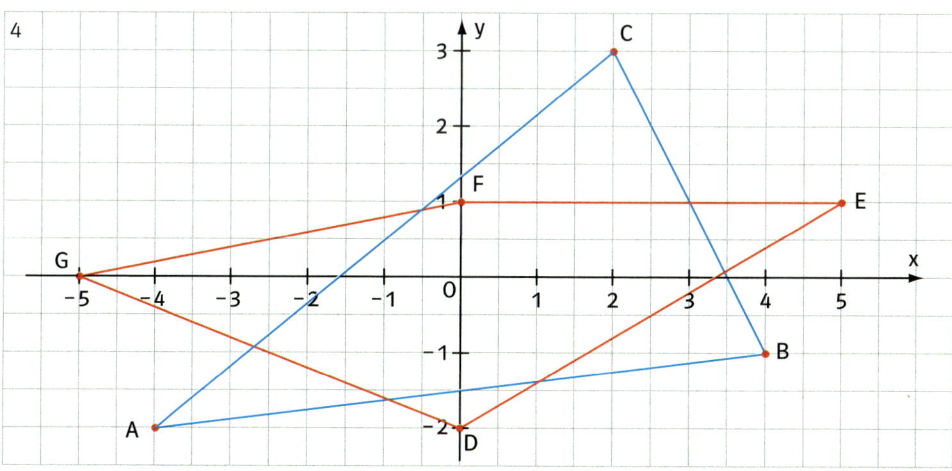

4

Winkel bei	Dreieck ABC	Viereck EFGH
A bzw. D	32°	128°
B bzw. E	71°	30°
C bzw. F	77°	169°
G	–	33°
Summe	180°	360°
Umfang	8,1 + 4,5 + 7,8 = 20,4 cm	5,4 + 5,9 + 5 + 5,1 = 21,4 cm
Flächeninhalt	$\frac{1}{2} \cdot 8{,}1 \cdot 4{,}2 = 17{,}01\,\text{cm}^2$	$A_{\text{Dreieck GCF}} = \frac{1}{2} \cdot 5 \cdot 3 = 7{,}5$ $A_{\text{Dreieck DEF}} = \frac{1}{2} \cdot 5 \cdot 3 = 7{,}5$ $A_{\text{Viereck}} = 15\,\text{cm}^2$

Seite 83 5 a) w b) w c) f d) f g) w

6 a) M(−1 | −2); r = 2 cm; d = 4 cm b) M(−1 | 1); r = 1 cm; d = 2 cm
c) M(2 | 2); r = 1 cm; d = 2 cm d) M(0 | 0); r = 3 cm; d = 6 cm

Seite 84 7 a)

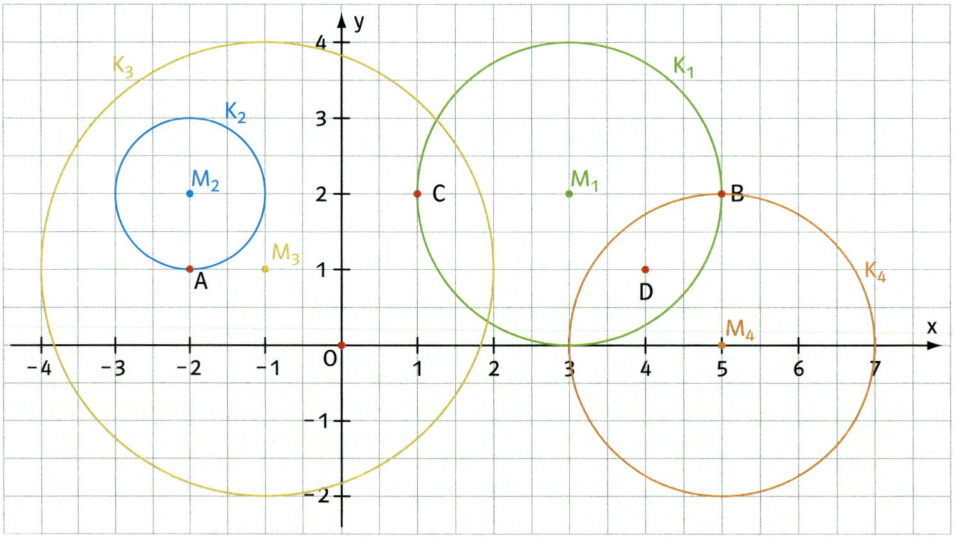

b)

	K_1	K_2	K_3	K_4
A(−2 | 1)	außerhalb	auf dem Kreis	innerhalb	außerhalb
B(5 | 2)	auf dem Kreis	außerhalb	außerhalb	auf dem Kreis
O(0 | 0)	außerhalb	außerhalb	innerhalb	außerhalb
C(1 | 2)	auf dem Kreis	außerhalb	innerhalb	außerhalb
D(4 | 1)	innerhalb	außerhalb	außerhalb	innerhalb

8 Seite 85

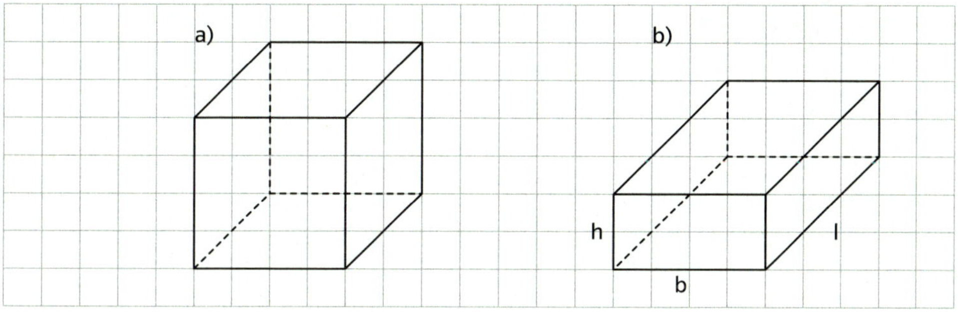

9 Es handelt sich um zwei (gleiche) Quader. Seite 86

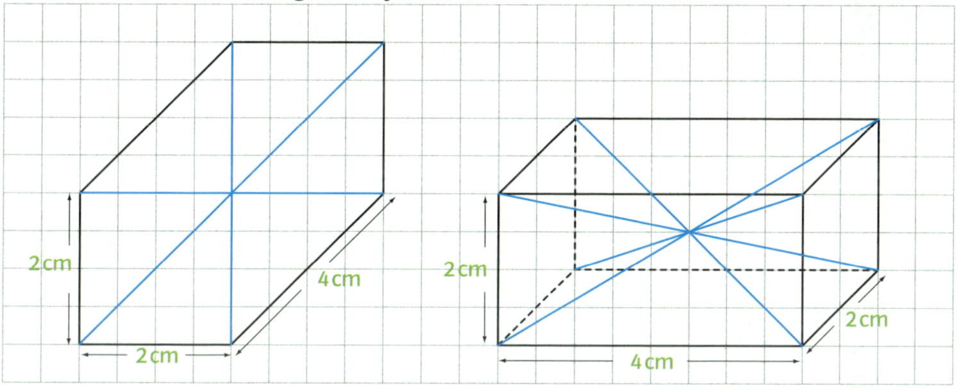

10

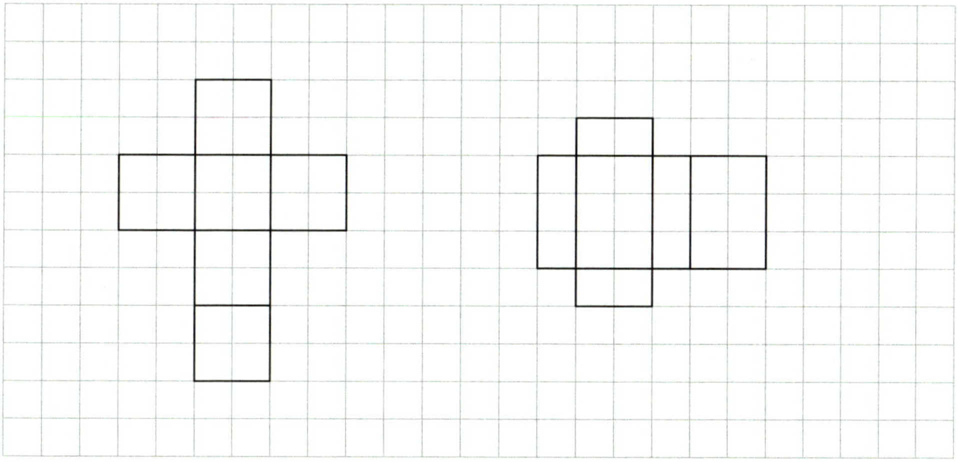

11 a) $V = 3\,cm \cdot 3\,cm \cdot 3\,cm = \mathbf{27\,cm^3}$; $O = 6 \cdot (3\,cm \cdot 3\,cm) = \mathbf{54\,cm^2}$ Seite 87
b) $V = 10\,cm \cdot 10\,cm \cdot 10\,cm = \mathbf{1000\,cm^3}$ $O = 6 \cdot (10\,cm \cdot 10\,cm) = \mathbf{600\,cm^2}$
c) $V = 2\,cm \cdot 2\,cm \cdot 2\,cm = \mathbf{8\,cm^3}$ $O = 6 \cdot (2\,cm \cdot 2\,cm) = \mathbf{24\,cm^2}$

12

	a)	b)	c)	d)	e)
Länge	3 cm	4 cm	1 cm	50 cm	1 m
Breite	4 cm	2 cm	10 cm	1 m	2 m
Höhe	5 cm	4 cm	1 cm	20 cm	3 m
Volumen	**60 cm³**	**32 cm³**	**10 cm³**	**1000 cm³**	**6 m³**
Oberfläche	**94 cm²**	**64 cm²**	**42 cm²**	**2140 cm²**	**22 m²**

13 a) wahr
b) falsch: Die Kanten, die nach hinten verlaufen, sind verkürzt angezeichnet und können nicht direkt abgemessen werden.
c) wahr
d) wahr

14 a) $3 \cdot 3 \cdot 3 = 27 \Rightarrow$ Kantenlänge: 3 cm; $O = 6 \cdot (3\,cm \cdot 3\,cm) =$ **$54\,cm^2$**
b) Bei 6 gleichen Flächen ist eine Fläche $100\,cm^2$ groß, die Kantenlänge also 10 cm.
$V = 10\,cm \cdot 10\,cm \cdot 10\,cm =$ **$1000\,cm^3$**.

Seite 88

15 a) $V = 1\,cm \cdot 4\,cm \cdot 4\,cm + 2\,cm \cdot 1\,cm \cdot 2\,cm = 16\,cm^3 + 4\,cm^3 =$ **$20\,cm^3$**
$O = 4\,cm \cdot 4\,cm + 4 \cdot 4\,cm \cdot 1\,cm + (4\,cm \cdot 4\,cm - 2\,cm \cdot 2\,cm) + 4 \cdot 2\,cm \cdot 1\,cm + 2\,cm \cdot 2\,cm$
$=$ **$56\,cm^2$**
b) $V = 3\,cm \cdot 3\,cm \cdot 3\,cm - (3\,cm \cdot 1{,}5\,cm \cdot 1\,cm) = 27\,cm^3 - 4{,}5\,cm^3 =$ **$22{,}5\,cm^3$**
$O = 6 \cdot 3\,cm \cdot 3\,cm - 2 \cdot 1{,}5\,cm \cdot 1\,cm = 54\,cm^2 - 3\,cm^2 =$ **$51\,cm^2$**

Seite 89

Training plus

67 Alle Innenwinkel sind gleich groß (rechtwinklig), alle Seiten und alle Diagonalen sind gleich lang, die Diagonalen halbieren sich gegenseitig, die Gegenseiten sind parallel.

68 Man teilt es in zwei Dreiecke auf und addiert deren Flächeninhalte.

69 Die Voraussetzung des Parallelogramms (gegenüberliegende Seiten sind parallel) ist erfüllt.

70 Die Diagonale ist die Strecke zweier nicht benachbarter Eckpunkte, die innerhalb einer Fläche verläuft.
Die Raumdiagonale ist die Strecke zwischen zwei Eckpunkten eines Körpers, die zu keiner Begrenzungsfläche parallel ist und innerhalb des Körpers verläuft.

71 Quadrat, Rechteck, Parallelogramm und Raute.

72 $A = \frac{1}{2} \cdot a \cdot h_a$ oder $A = \frac{1}{2} \cdot b \cdot h_b$ oder $A = \frac{1}{2} \cdot c \cdot h_c$; allgemein: $A = \frac{1}{2} \cdot g \cdot h$

73 Gegenüberliegende Seiten sind parallel; gegenüberliegende Winkel sind gleich groß; die Diagonalen halbieren sich gegenseitig. (Ist eine dieser drei Eigenschaften vorhanden, so sind alle dieser drei Eigenschaften vorhanden.)

74 Zwei Richtungen (Breite und Höhe) liegen in der Zeichenebene, die Strecken und Winkel in dieser Ebene werden in wahrer Größe gezeichnet. Die 3. Richtung (Tiefe) wird unter einem Winkel von 45° gezeichnet, die Strecken werden verkürzt dargestellt: eine Einheit entspricht einer Kästchendiagonalen. Nicht sichtbare Kanten werden gestrichelt gezeichnet.
(Bei Winkel und Verkürzungsfaktor gibt es manchmal andere Vorgaben.)

75 Für einen Würfel mit Seitenlänge a gilt: $V = a^3$; $O = 6 \cdot a^2$

76 Für einen Quader mit der Länge l, der Breite b und der Höhe h gilt:
$V = l \cdot b \cdot h$; $O = 2 \cdot h \cdot b + 2 \cdot h \cdot l + 2 \cdot b \cdot l$

77 Dreieck: 180°, Viereck: 360°

Abschlusstest

Seite 90

1 $A_1 = \frac{1}{2} \cdot 4\,cm \cdot 3\,cm = 6\,cm^2$

$A_2 = \frac{1}{2} \cdot 5{,}5 \cdot 2{,}6 = 7{,}15\,cm^2$

$A_3 = \frac{1}{2} \cdot 1\,cm \cdot 1{,}5\,cm = 0{,}75\,cm^2$

A_{gesamt} = **13,9 cm²**

Zeichnung siehe rechts oben.

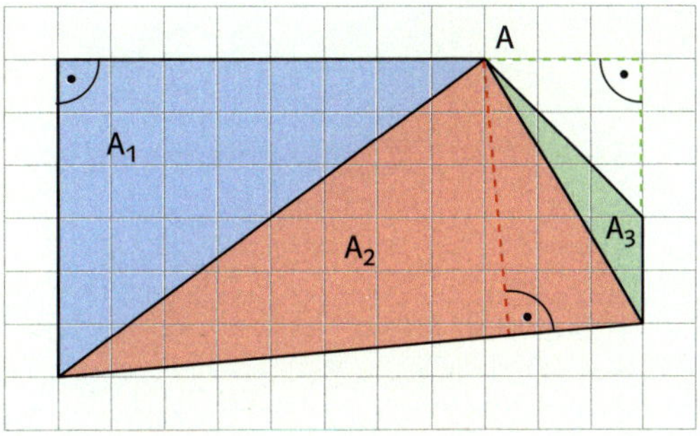

2 A = 1,8 cm · 4,5 cm = **8,1 cm²**
Zeichnung siehe rechts unten.

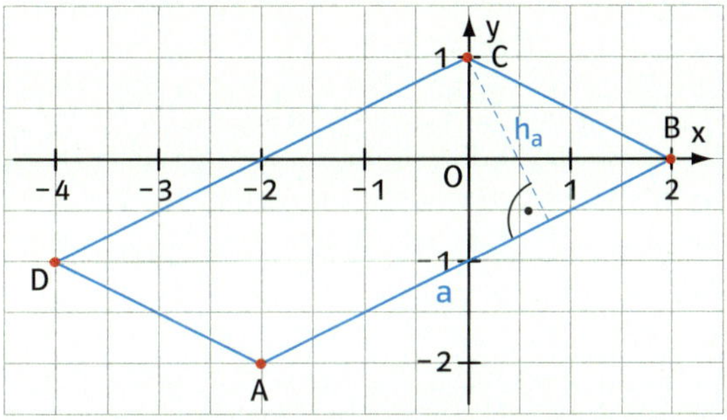

3 Zeichnung siehe unten.
Beispiele für die Punkte:
Punkte innerhalb aller drei Kreise:
A (1 | 0,5), B (1 | 1), C (1,5 | 0)
Punkte innerhalb von K_1 und K_2, aber nicht von K_3: D (1 | −1), E (0,5 | −0,5), F (0,5 | −1)
Punkte, die nur innerhalb von K_1 liegen: G (−2 | 3), H (−3 | −2), I (−4 | 2)

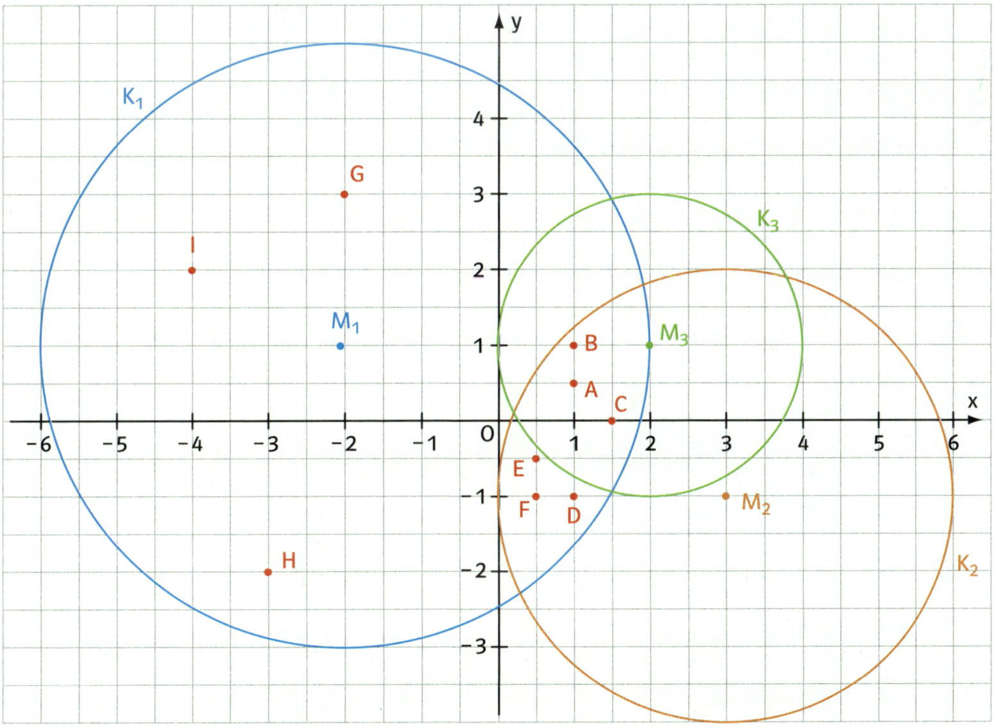

Seite 91 4

	Q_1	Q_2	Q_3	Q_4	Q_5
Länge	3 cm	2 cm	2 cm	**2 cm**	12 cm
Breite	5 cm	4 cm	3 cm	**3 cm**	20 cm
Höhe	6 cm	**5 cm**	**2 cm**	5 cm	100 cm
Volumen	**90 cm³**	40 cm³	**12 cm³**	30 cm³	**24 000 cm³**
Oberfläche	**126 cm²**	**76 cm²**	32 cm²	62 cm²	**6880 cm²**

5 $V = 2\,cm \cdot 1\,cm \cdot 1\,cm = \mathbf{2\,cm^3}$
$O = 4 \cdot 2\,cm \cdot 1\,cm + 2 \cdot 1\,cm \cdot 1\,cm = 8\,cm^2 + 2\,cm^2 = \mathbf{10\,cm^2}$
Grafik (Ausschnitt) siehe rechts.

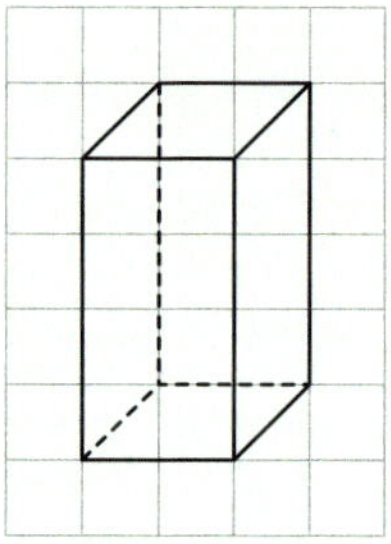

6 a) $V = 8 \cdot 1\,cm \cdot 1\,cm \cdot 2\,cm = 16\,cm^3$
$\Rightarrow$ Der Buchstabe ist $16 \cdot 20\,g = \mathbf{320\,g}$ schwer.
b) $V = 12 \cdot 1\,cm \cdot 1\,cm \cdot 2\,cm = 24\,cm^3$
$\Rightarrow$ Der Buchstabe ist $24 \cdot 20\,g = \mathbf{480\,g}$ schwer.

29 – 23 Punkte	22 – 15 Punkte	unter 15 Punkte
sehr gut bis gut	befriedigend bis ausreichend	nicht mehr ausreichend

Kapitel 8: Symmetrie

Aufgaben

Seite 92 1 (Rechte Winkel sind hier wegen der Übersichtlichkeit nur bei F markiert.)

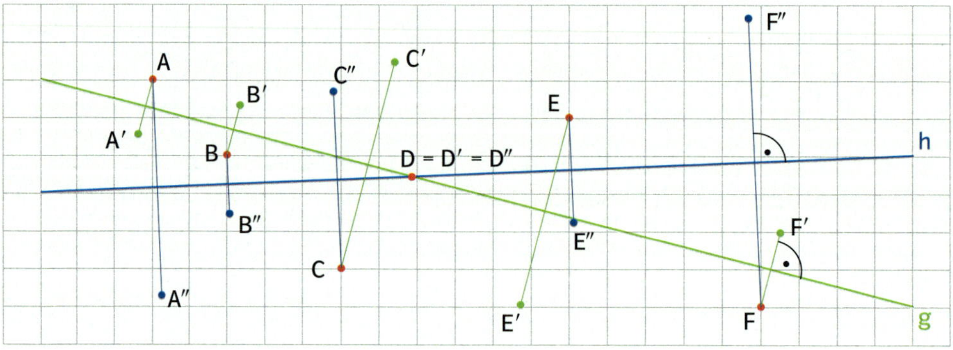

Seite 93 2

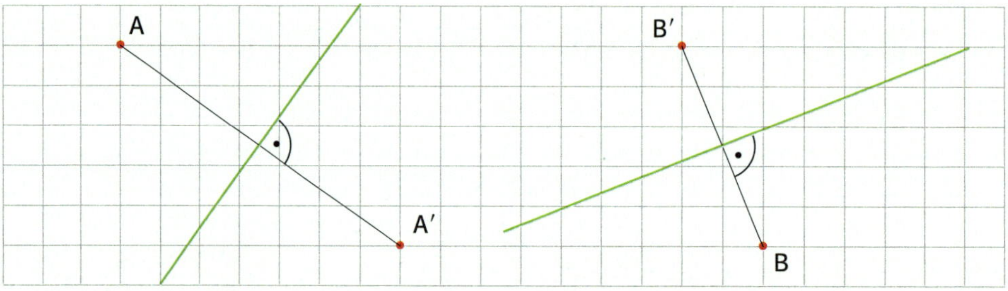

3 a) Spiegelung an der x-Achse:
A′(3|−3), B′(2|−1), C′(−1|2)
b) Spiegelung an der y-Achse:
A″(−3|3), B″(−2|1), C″(1|−2)
(siehe Grafik rechts)

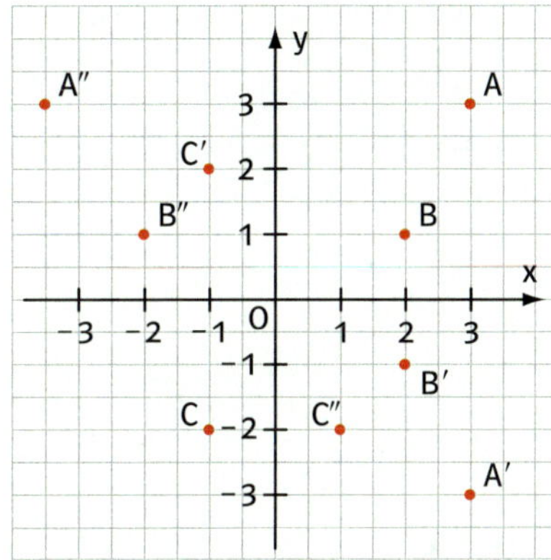

4 a) und b) ergeben (zufällig) dieselbe Bildfigur. Es sind nicht alle rechten Winkel markiert.

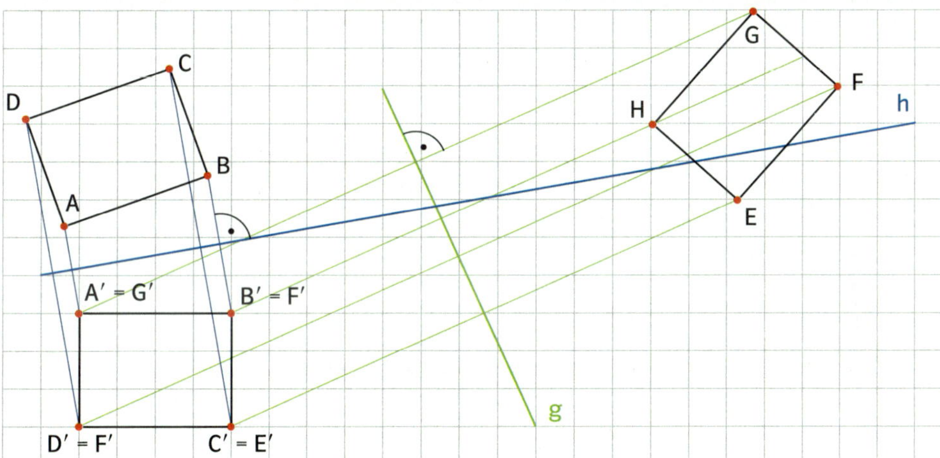

5 Seite 94

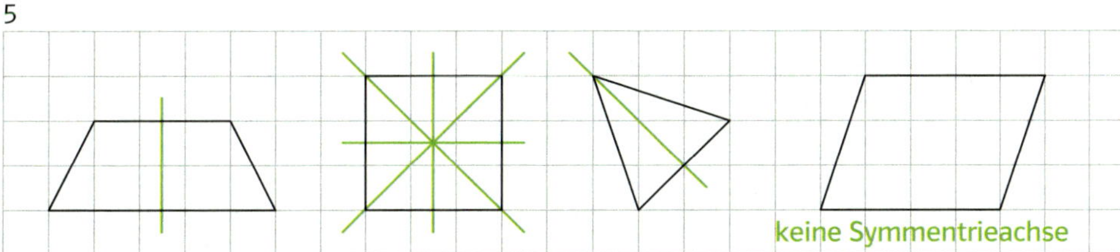

6

Buchstabe	H	A	B	R	S	U	W
Anzahl der Symmetrieachsen	2	1	1	0	0	1	1

7

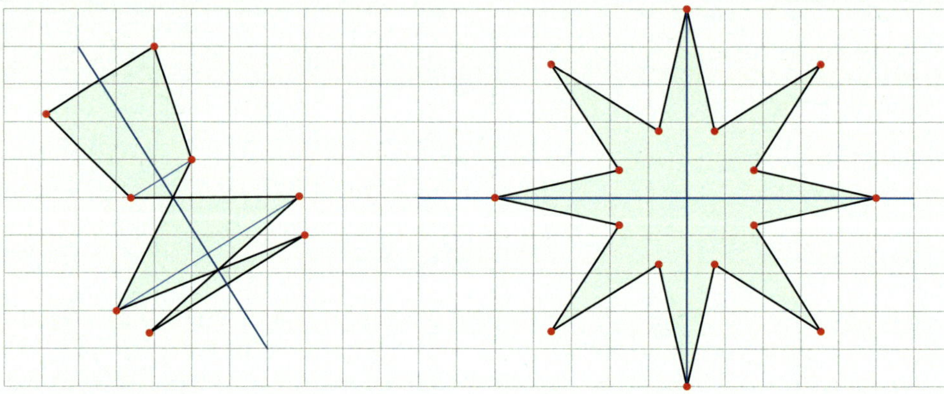

Seite 95

8

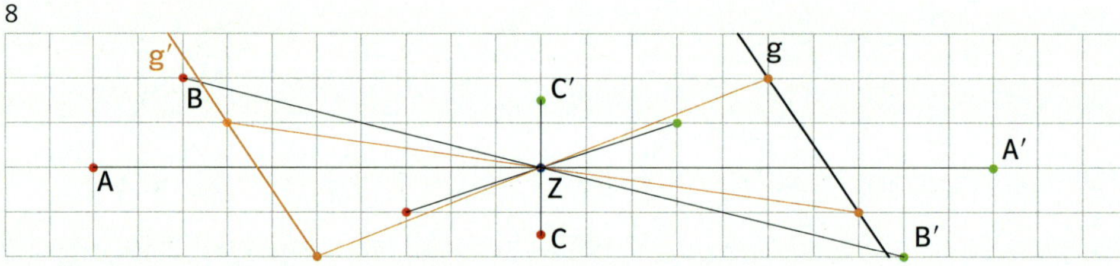

9

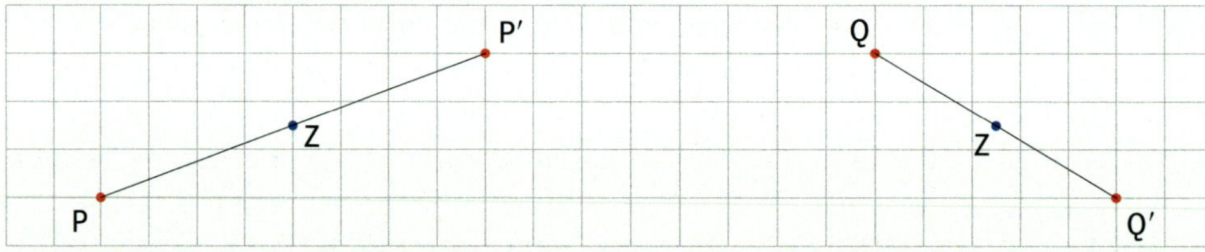

10

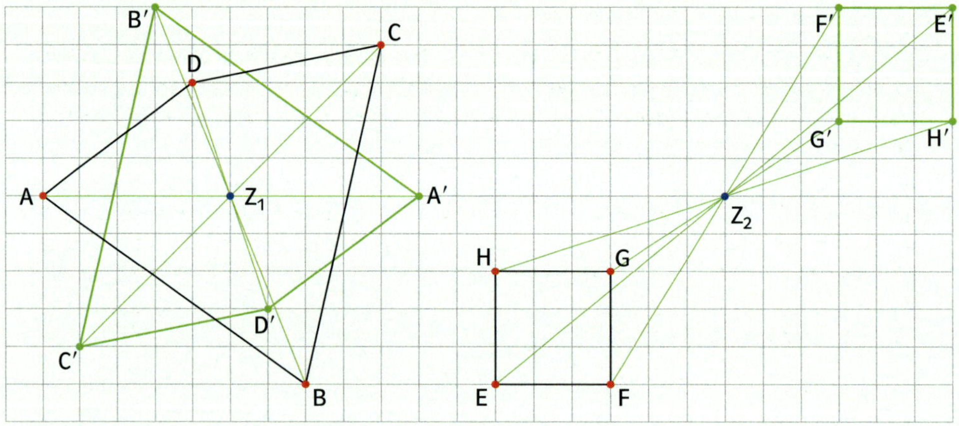

11 Seite 96

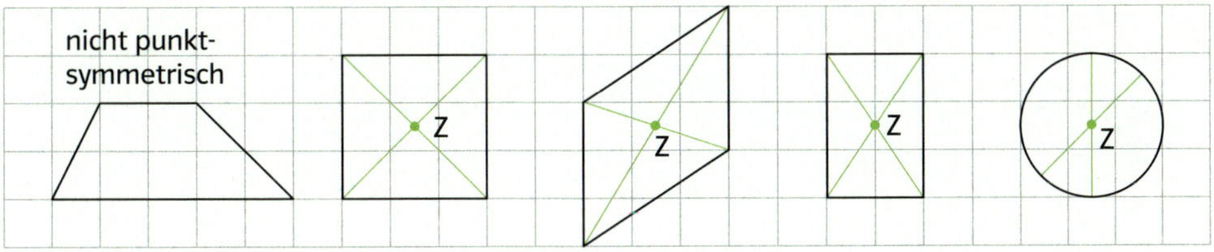

12

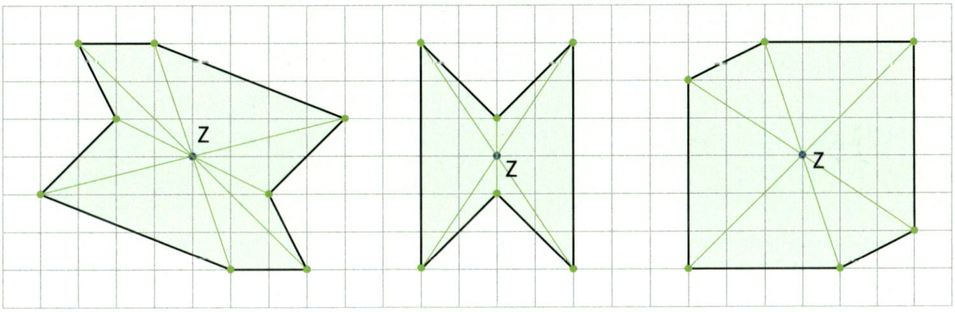

13 Bei Achsenspiegelungen verändert sich der Drehsinn, bei Punktspiegelungen nicht.

Training plus

Seite 97

78 Man fällt von P auf g das Lot. Der Schnitt der Lotgerade durch P auf g mit g heißt Lotfußpunkt F. Verdoppelt man die Strecke von P nach F, so erhält man den Spiegelpunkt P′ von P.

79 Man spiegelt zwei beliebige Punkte der Geraden und verbindet diese zur Spiegelgeraden.

80 Ja, alle Quadrate sind achsensymmetrisch.

81 Dreiecke sind in der Regel nicht achsensymmetrisch. (Ausnahmen sind das gleichschenklige Dreieck mit einer Symmetrieachse und das gleichseitige Dreieck mit drei Symmetrieachsen.)

82 Eine ebene Figur ist punktsymmetrisch zum Zentrum Z, wenn jeder Punkt der Figur, der an Z gespiegelt wird, wieder ein Punkt der Figur ist.

83 Das gleichseitige Dreieck hat drei Symmetrieachsen.

84 Alle Quadrate sind punktsymmetrisch zum Mittelpunkt, dem Schnittpunkt der Diagonalen.

85 Nein: Die Streckenlängen bleiben bei der Spiegelung gleich lang, sodass auch der Flächeninhalt, der ja über die Streckenlängen berechnet wird, gleich groß bleibt. Auch die Winkel bleiben erhalten.

86 Ja: Das Zentrum ist die Mitte der Strecke vom Punkt zu seinem Bildpunkt

87 Wenn man vom Anfangspunkt A über die Punkte B, C, … wieder zu A gelangt und dieser Umlauf gegen den Uhrzeigersinn läuft, spricht man von einem mathematisch positiven Umlaufsinn. Ist die Richtung im Uhrzeigersinn, ist der Umlaufsinn mathematisch negativ.

88 Ja, das Dreieck erhält bei der Geradenspiegelung einen anderen Umlaufsinn. (Jede andere Figur natürlich auch.)

Abschlusstest

Seite 98

1

	I	W	O	E	H	S	3
punktsymmetrisch	x	–	x	–	x	x	–
achsensymmetrisch	x	x	x	x	x	–	x
mehrere Achsen	x	–	x	–	x	–	–

2

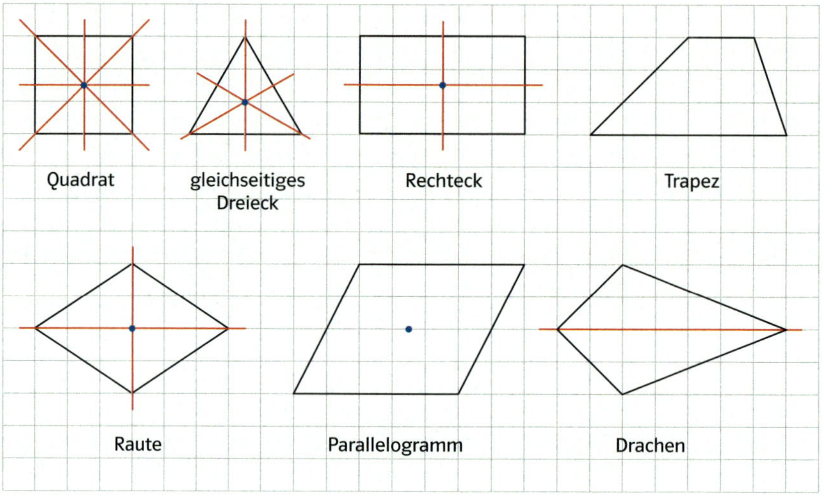

Figur	Anzahl der Symmetrieachsen	Punktsymmetrie
Quadrat	4	ja, im Mittelpunkt
gleichseitiges Dreieck	3	ja, im Schnittpunkt zweier Symmetrieachsen
Rechteck	2	ja, im Mittelpunkt
Trapez	–	–
Raute	2	ja, im Diagonalenschnittpunkt
Parallelogramm	–	ja, im Diagonalenschnittpunkt
Drachen	1	–

Seite 99

3 a)

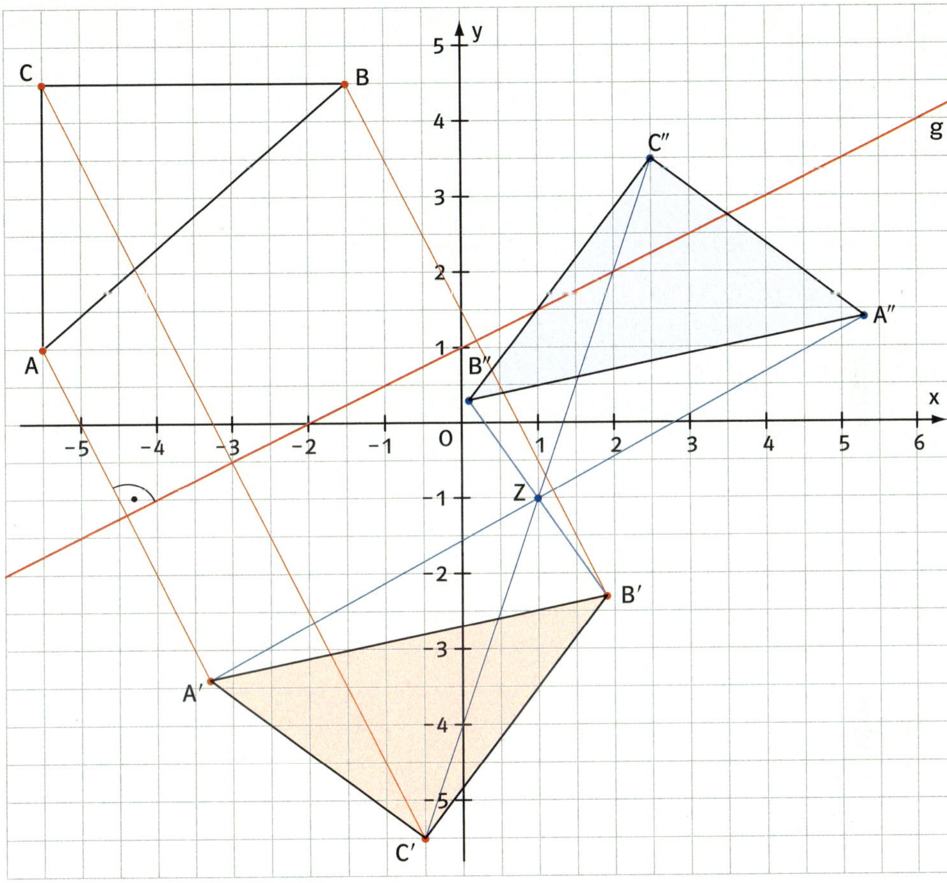

b) ABC → A′B′C′: Der Umlaufsinn ändert sich von positiv nach negativ (da es sich um eine Achsenspiegelung handelt.
A′B′C′ → A″B″C″: Der Umlaufsinn (negativ) ändert sich nicht (da es sich um eine Punktspiegelung handelt.

c)

Dreieck	ABC	A′B′C′	A″B″C″
Umfang	4 + 3,5 + 5,3 = 12,8 cm	4 + 3,5 + 5,3 = 12,8 cm	4 + 3,5 + 5,3 = 12,8 cm
Flächeninhalt	$\frac{1}{2} \cdot 4 \cdot 3{,}5 = 7\,\text{cm}^2$	$\frac{1}{2} \cdot 4 \cdot 3{,}5 = 7\,\text{cm}^2$	$\frac{1}{2} \cdot 4 \cdot 3{,}5 = 7\,\text{cm}^2$

Es fällt auf, dass sich Umfang und Flächeninhalt bei Achsen- und Punktspiegelung *nicht* verändern.

28 – 22 Punkte	21 – 14 Punkte	unter 14 Punkte
sehr gut bis gut	befriedigend bis ausreichend	nicht mehr ausreichend

Kapitel 9: Daten erheben und auswerten

Aufgaben

Seite 100 1 a) sicher* b) zufällig c) zufällig d) sicher
e) zufällig f) zufällig g) sicher
* zu a): Es liegen immer 42 Tage (6 Wochen) zwischen Ostern und Pfingsten.

Seite 101 2

	Merkmal	Stichprobenumfang	Ergebnisse
a)	**Gewicht der Schultasche**	**57**	**kleiner oder gleich 10 kg mehr als 10 kg**
b)	**Anzahl der Fernsehgeräte**	**nicht bekannt**	**0; 1 ; 2; 3; 4; 5; 6; mehr als 6**
c)	**Augenzahl**	**200**	**1; 2, 3; 4; 5; 6**
d)	**Bahnsteig**	**35**	**Gleis 1; Gleis 2; Gleis 3**

3

Grundmenge	Münzen	Schüler/innen	Schüler/innen in Adorf	Tennisspiele
Merkmal	Lage	Verkehrsmittel	Zeitaufwand	Anzahl Sätze
Ergebnisse (was alles beim Merkmal möglich ist)	**Wappen, Zahl**	**Bus, Fahrrad, zu Fuß, Zug, andere Verkehrsmittel**	**kein Zeitaufwand, bis zu einer Stunde, 1 bis 2 Stunden, 2 Stunden und mehr**	**3; 4; 5**

Seite 102 4 a) Noten:

Ergebnis	0	1	2	3	4	5
Anzahl	𝍸	𝍸	𝍸	II	III	–
absolute Häufigkeit	5	5	5	2	3	0
relative Häufigkeit	$\frac{5}{20}$	$\frac{5}{20}$	$\frac{5}{20}$	$\frac{2}{20}$	$\frac{3}{20}$	$\frac{0}{20}$

b) Preis einer Brezel:

Ergebnis	55 ct	56 ct	57 ct	58 ct	59 ct	60 ct
Anzahl	𝍸 I	I	–	IIII	II	𝍸 II
absolute Häufigkeit	6	1	0	4	2	7
relative Häufigkeit	$\frac{6}{20}$	$\frac{1}{20}$	$\frac{0}{20}$	$\frac{4}{20}$	$\frac{2}{20}$	$\frac{7}{20}$

5 Berechnung der Winkel:
Der Stichprobenumfang beträgt
$23 + 31 + 7 + 6 = 66 \triangleq 360°$.
$z = \frac{23}{66} \cdot 360° \approx 126°$; $p = \frac{7}{66} \cdot 360° \approx 38°$
$a = \frac{31}{66} \cdot 360° \approx 169°$; $s = \frac{5}{66} \cdot 360° \approx 27°$

Seite 104

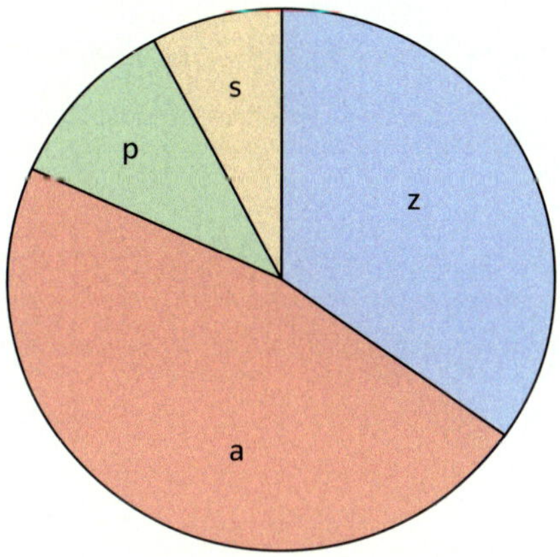

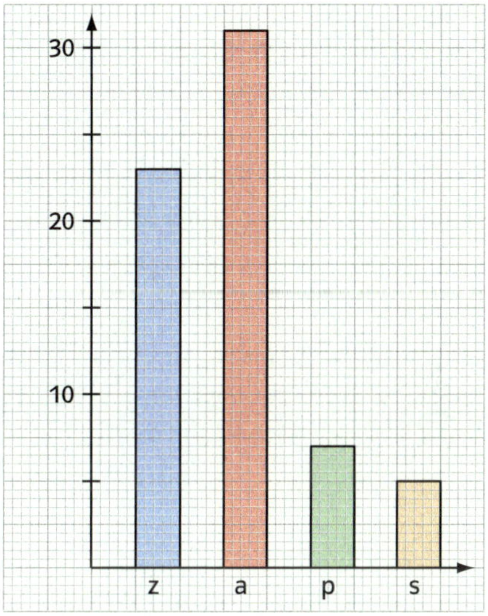

6 geordnete Urlisten:
A-Dorf: −6 °C; −5 °C; −4 °C; −3 °C; −1 °C; 0 °C; 0 °C; 0 °C; 3 °C; 5 °C; 5 °C; 7 °C
B-Stadt: −3 °C; −3 °C; −1 °C; 0 °C; 0 °C; 1 °C; 2 °C; 2 °C; 5 °C; 6 °C; 7 °C, 9 °C;

Seite 105

	arithmetisches Mittel	Median	Modalwert
A-Dorf	0,083	$\frac{1}{2} \cdot (0 + 0) = 0$	0
B-Stadt	1,5	$\frac{1}{2} \cdot (1 + 2) = 1,5$	−3, 0 und 2

Training plus

Seite 106

89 Grundmenge: 220; Stichprobenumfang: 68

90 Vorteil: Die Aussagen werden genauer und sicherer.
Nachteil: Die Bearbeitung erfordert höheren Zeit- und Arbeitsaufwand.

91 Es können 6 Ergebnisse vorkommen, nämlich die Augenzahlen 1, 2, 3, 4, 5 und 6.

92 In der Urliste sind die Ergebnisse in der Reihenfolge des Auftretens erfasst, bei der geordneten Urliste sind sie nach der Größe geordnet.

93 Die absolute Häufigkeit eines Ergebnisses sagt aus, wie oft dieses Ergebnis in der Stichprobe auftrat.

94 Man berechnet die relative Häufigkeit eines Ergebnisses, indem man seine absolute Häufigkeit durch den Stichprobenumfang dividiert.

95 Tabelle, Piktogramm, Säulen- oder Kreisdiagramm

96 Das arithmetische Mittel ist der Durchschnitt (Mittelwert) der Ergebnisse. Man addiert alle Werte der Ergebnisse und dividiert durch den Stichprobenumfang.

97 Der Median (Zentralwert) ist der mittlere Wert in einer geordneten Urliste (ungerade Anzahl), bzw. die Hälfte der Summe der zwei mittleren Werte (gerade Anzahl).

98 Der Modalwert ist der Wert, der in einer Urliste am häufigsten vorkommt, also der Wert mit der größten absoluten Häufigkeit.

99 Ja, mehrere Ergebnisse können gleich oft vorkommen, also mit der gleichen (größten) absolute Häufigkeit auftreten.

Seite 107

Abschlusstest

1 a) Es sind 20 Ergebnisse angegeben, man kann also davon ausgehen, dass 20 Haushalte befragt wurden: Der Stichprobenumfang beträgt **20**.

b) Das Merkmal der Untersuchung ist „**Anzahl der Fernsehgeräte pro Haushalt**".

c) Folgende Ergebnisse traten auf: **kein Fernsehgerät, 1 Fernsehgerät, 2 Fernsehgeräte, 3 Fernsehgeräte, 4 Fernsehgeräte**.

d)

Anzahl der Fernsehgeräte	0	1	2	3	4
absolute Häufigkeit	4	6	4	4	2

e) Mittelwert: $\varnothing = (0 \cdot 4 + 1 \cdot 6 + 2 \cdot 4 + 3 \cdot 4 + 4 \cdot 2) : 20 = 34 : 20 =$ **1,7**

f) geordnete Urliste: 0 0 0 0 1 1 1 1 1 1 **1 2** 2 2 2 3 3 3 3 4 4 ; Zentralwert: $\frac{1}{2} \cdot (1 + 2) =$ **1,5**

g) Modalwert: **1** (6-mal)

2

	absolute H.K.	Säulendiagramm	Piktogramm	Kreisdiagramm
a)	s | u | v 20 | 5 | 5	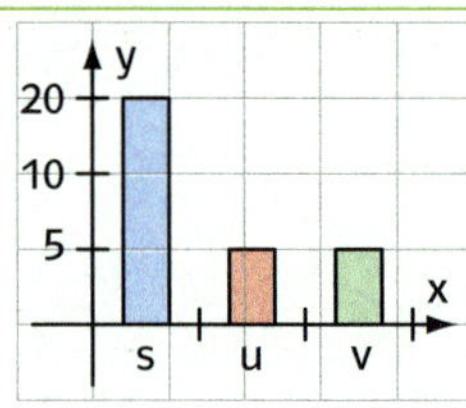		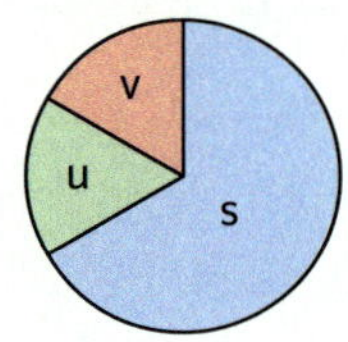
b)	1 | 10 2 | 6 3 | 6 4 | 4 5 | 4 6 | 10	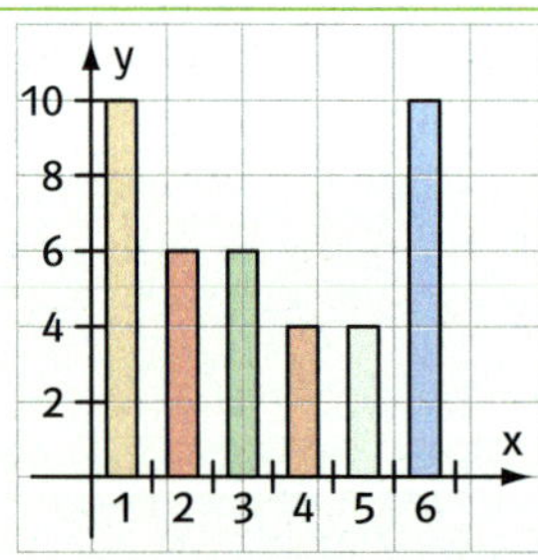	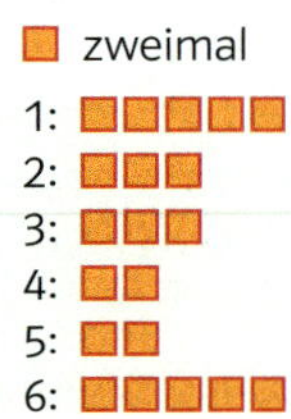	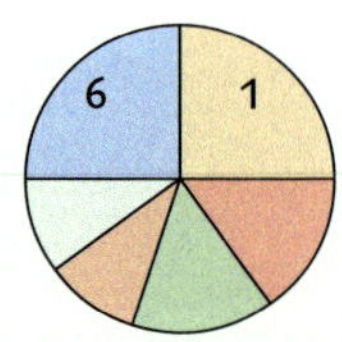

13 – 10 Punkte	9 – 7 Punkte	unter 7 Punkte
sehr gut bis gut	befriedigend bis ausreichend	nicht mehr ausreichend

Formelsammlung

Kapitel 1: Natürliche Zahlen

Zahlenstrahl	Strahl, von 0 ausgehend, mit gleichen Abständen zwischen den Zahlen
Stellenwerttafel im Zehnersystem	Tabelle, in der die Zahlen so angeordnet sind, dass je eine Ziffer am entsprechenden Stellenwert steht. Die Stellenwerte unterscheiden sich um den Faktor 10. Eine Zahl ist die Summe der Produkte aus Ziffer mal Stellenwert.
Potenzschreibweise	Der Stellenwert einer Ziffer wird über Zehnerpotenzen ausgedrückt. Eine Potenz besteht aus Exponent und Basis. Der Exponent sagt aus, wie oft die Basis mit sich selbst multipliziert wird. Jede Zahl mit Exponent Null hat den Wert 1.
Runden	Man betrachtet die Rundungsstelle. Ist die Ziffer rechts von der Rundungsstelle kleiner als 5 wird abgerundet, (das heißt, die Ziffer der Rundungsstelle bleibt gleich). Ist die Ziffer rechts von der Rundungsstelle größer oder gleich 5 wird aufgerundet, das heißt der Wert der Ziffer an der Rundungsstelle wird um eins erhöht. Steht an der Rundungsstelle eine 9 wird diese zur Null und die Ziffer links davon wird um eins erhöht. Alle Ziffern nach der Rundungsstelle werden durch Nullen ersetzt.

Kapitel 2: Rechnen mit natürlichen Zahlen

Addition	Summand + Summand = Summe
Subtraktion	Minuend - Subtrahend = Differenz
Multiplikation	Faktor · Faktor = Produkt
Division	Divident : Divisor = Quotient
Kommutativgesetz der Addition	$a + b = b + a$ In Summen dürfen die Summanden vertauscht werden.
Assoziativgesetz der Addition	$(a + b) + c = a + (b + c) = a + b + c$. In Summen mit mehreren Summanden dürfen beliebig Klammern gesetzt oder weggelassen werden.

Kommutativgesetz der Multiplikation	$a \cdot b = b \cdot a$ In Produkten dürfen die Faktoren vertauscht werden.
Assoziativgesetz der Multiplikation	$(a \cdot b) \cdot c = a \cdot (b \cdot c) = a \cdot b \cdot c$ In Produkten mit mehreren Faktoren dürfen beliebige Klammern gesetzt oder weggelassen werden.
Teilbarkeitsregeln	Mit ihrer Hilfe kann man feststelle, ob eine Division ohne Rest ausgeführt werden kann (→ Seite 27).
Primzahl	Eine Primzahl ist größer als 1 und nur durch sich selbst und 1 teilbar.
Rechenregeln/ Rechenreihenfolge	„Klammer zuerst" – „Punkt vor Strich" – „von links nach rechts"
Distibutivgesetze	$a \cdot (b + c) = a \cdot b + a \cdot c$ $(a + b) : c = a : c + b : c$ $a \cdot (b - c) = a \cdot b - a \cdot c$ $(a - b) : c = a : c + b : c$

Kapitel 3: Bruchrechnen

Brucharten	echter Bruch: Zähler < Nenner unechter Bruch: Zähler > Nenner gemischte Zahl: Summe aus natürlicher Zahl und Bruch (ohne das +-Zeichen geschrieben)
Hauptnenner	der kleinste gemeinsame Nenner
Kehrzahl/Kehrbruch	Vertauschen von Zähler und Nenner: Kehrbruch von $\frac{a}{b} : \frac{b}{a}$
Brüche addieren	auf den gleichen Nenner bringen, Zähler addieren und Nenner beibehalten
Brüche dividieren	mit der Kehrzahl multiplizieren
Brüche erweitern	Zähler und Nenner mit derselben Zahl multiplizieren
Brüche kürzen	Zähler und Nenner durch dieselbe Zahl dividieren
Brüche multiplizieren	Zähler mal Zähler, Nenner mal Nenner
Brüche subtrahieren	auf den gleichen Nenner bringen, Zähler subtrahieren und Nenner beibehalten

Kapitel 4: Positive Dezimabrüche

Dezimalzahl/ Dezimalbruch	Zahl mit Komma zwischen den Ziffern Es gibt abbrechende, abbrechend periodische und nicht abbrechend nicht periodische Dezimalzahlen
Prozent (%)	auf 100 bezogener Teil der Zahl: $n\,\%$ von $a = (n \cdot a) : 100$
Dezimalbrüche dividieren	Dividend und Divisor erweitern, bis der Divisor ganzzahlig ist, dann dividieren
Dezimalbrüche multiplizieren	ohne Beachtung der Kommas, danach Komma so setzen, dass die Anzahl der Nachkommastellen des Produkts gleich der Summe der Nachkommastellen der beiden Faktoren ist

Kapitel 5: Ganze Zahlen

negative Zahlen	Zahlen < 0, links von der Null auf der Zahlengerade
addieren einer negativen Zahl	nach links auf der Zahlengeraden
ganze Zahlen dividieren	Die Division durch Null ist nicht zulässig! Haben Dividend und Divisor das gleiche Vorzeichen, so ist der Quotient positiv. Haben Dividend und Divisor unterschiedliche Vorzeichen, so ist der Quotient negativ.
ganze Zahlen multiplizieren	Ist die Anzahl der negativen Faktoren ungerade, so ist das Produkt negativ. Ist die Anzahl der negativen Faktoren gerade, so ist das Produkt positiv. Ist einer der Faktoren Null, so ist das Produkt ebenfalls Null.
subtrahieren einer negativen Zahl	nach rechts auf der Zahlengeraden

Kapitel 6: Grundbegriffe der Geometrie

Punkt	wird im Achsenkreuz durch Zahlenpaar beschrieben: Punkt A (Rechtswert, Abszisse | Hochwert, Ordinate)
Winkelarten	Vollwinkel 360° (Vollkreis) überstumpfer Winkel: $360° < \alpha < 180°$ gestreckter Winkel: 180° stumpfer Winkel: $90° < \alpha < 180°$ rechter Winkel: 90° spitzer Winkel: $0° < \alpha < 90°$
Lot	kürzeste Strecke eines Punktes auf eine Gerade; das Lot steht senkrecht (im rechten Winkel) zur Geraden.

Kapitel 7: Ebene Figuren und Körper

	Flächeninhalt A	Umfang u
Dreieck	$A = \frac{1}{2} \cdot g \cdot h$;	$u = a + b + c$
Drachen	$A = \frac{1}{2} \cdot e \cdot f$	$u = 2 \cdot (a + b)$
Parallelogramm	$A = g \cdot h_g$	$u = 2 \cdot (a + b)$
Quadrat	$A = a^2$	$u = 4 \cdot a$
Raute	$A = \frac{1}{2} \cdot e \cdot f$	$u = 2 \cdot (a + b)$
Rechteck	$A = l \cdot b$	$u = 2 \cdot (a + b)$
Trapez	$A = g \cdot h_g$	$u = 2 \cdot a + b + c$
Winkelsummen	im Dreieck: 180°; im Viereck: 360°	

Kapitel 9: Daten erheben und auswerten

Häufigkeiten	absolute Häufigkeit: Anzahl des Ereignisses beim Experiment relative Häufigkeit: absolute Häufigkeit dividiert durch die Summe aller Ereignisse
arithmetisches Mittel	Mittelwert, Durchschnitt: $ø = \frac{1}{n} \cdot (x_1 + x_2 + \ldots + x_n)$
Zentralwert (Median)	der in der Mitte liegende Werte einer geordneten Stichprobe
Modalwert	der am häufigsten auftretende Wert einer Stichprobe